Naveen Kumar
Mahendra Pratap Choudhary

Eliminação de águas residuais e o seu efeito na qualidade da água do rio

Naveen Kumar
Mahendra Pratap Choudhary

Eliminação de águas residuais e o seu efeito na qualidade da água do rio

Um estudo de caso de Kota, Rajasthan, Índia

ScienciaScripts

Imprint
Any brand names and product names mentioned in this book are subject to trademark, brand or patent protection and are trademarks or registered trademarks of their respective holders. The use of brand names, product names, common names, trade names, product descriptions etc. even without a particular marking in this work is in no way to be construed to mean that such names may be regarded as unrestricted in respect of trademark and brand protection legislation and could thus be used by anyone.

Cover image: www.ingimage.com

This book is a translation from the original published under ISBN 978-620-2-30895-3.

Publisher:
Sciencia Scripts
is a trademark of
Dodo Books Indian Ocean Ltd. and OmniScriptum S.R.L publishing group

120 High Road, East Finchley, London, N2 9ED, United Kingdom
Str. Armeneasca 28/1, office 1, Chisinau MD-2012, Republic of Moldova, Europe
Printed at: see last page
ISBN: 978-620-3-68702-6

ÍNDICE DE CONTEÚDOS

RESUMO

O único rio perene do Rajastão, o ChambaT, é a principal fonte da cidade de Kota, bem como do distrito, para efeitos de água potável, agricultura e várias outras utilizações. O rio Chambal atravessa a cidade de Kota, uma cidade educativa e industrial do Rajastão. A água do rio Chambal está a ficar contaminada na zona devido à descarga de águas residuais no rio e a outras actividades humanas devido ao aumento da população.

Devido ao subdesenvolvimento do sistema de esgotos e à indisponibilidade de linhas de esgotos na cidade de Kota, as águas residuais não tratadas caem diretamente no rio Chambal através de um grande número de esgotos a céu aberto. Tendo em conta o estado recente do sistema de esgotos na cidade, foi decidido realizar uma investigação para estudar os efeitos do sistema de drenagem a céu aberto na qualidade da água do rio Chambal. Assim, o objetivo deste trabalho é estudar e analisar o sistema de esgotos existente em Kota e descobrir o efeito na qualidade da água do rio Chambal devido à descarga de esgotos a céu aberto diretamente no rio.

Para realizar o trabalho, foram inicialmente recolhidas amostras de águas residuais em diferentes locais da cidade de Kota, tais como o esgoto de Godavari Dham, o esgoto de Sajidhera, etc., e também a montante e a jusante do rio Chambal.

Estes locais foram selecionados para a recolha de amostras de águas residuais e foram recolhidas amostras de cada local durante três meses diferentes (junho de 2017 a agosto de 2017). As amostras de águas residuais foram analisadas em laboratório por métodos de análise físico-química, considerando vários parâmetros, nomeadamente temperatura, pH, oxigénio dissolvido (OD), carência bioquímica de oxigénio (CBO), sólidos totais dissolvidos (TDS), carência química de oxigénio (CQO), etc.

Os resultados observados foram comparados com os limites admissíveis prescritos pelas normas indianas. Da comparação, conclui-se que parâmetros importantes estão para além dos limites admissíveis. A descarga direta de esgotos a céu aberto no rio está a criar uma situação alarmante para a qualidade da água do rio Chambal e requer a atenção imediata das agências responsáveis.

Esperamos que este livro seja um recurso útil para estudantes, investigadores, académicos, decisores políticos e todos os outros interessados. Devemos a nossa gratidão a Deus todo-poderoso pela conclusão bem sucedida do livro.

Naveen Kumar Dr. Mahendra Pratap Choudhary

Dedicado

Aos nossos pais!!!

LISTA DE ABREVIATURAS

Abbreviation	Acronym
BIS	Bureau Of Indian Standards
BOD	Bio-chemical Oxygen Demand
COD	Chemical Oxygen Demand
DO	Dissolved Oxygen
pH	Power of Hydrogen ion
RUIDP	Rajasthan Urban Infrastructural Development Project
STP	Sewage Treatment Plant
TDS	Total Dissolved Solids
TH	Total Hardness
TSS	Total Suspended Solids
UIT	Urban Improvement Trust
WHO	World Health Organization

CAPÍTULO 1
INTRODUÇÃO

1. 1Antecedentes

As águas residuais são definidas como o fluxo de água usada descarregada de actividades residenciais, industriais e comerciais que é descarregada em estações de tratamento através de uma rede de tubagens cuidadosamente concebida e projectada. As águas residuais podem ser classificadas com base nas suas fontes de origem. A primeira é a das águas residuais domésticas, que se refere ao fluxo descarregado principalmente a partir de fontes domésticas geradas por várias actividades como cozinhar, lavar roupa, limpeza e higiene pessoal. Em segundo lugar, as águas residuais industriais, que são um fluxo gerado por actividades industriais e comerciais como a impressão, a transformação e a produção de alimentos e bebidas. Seguem-se as águas residuais institucionais geradas por grandes instituições, como hospitais e escolas, colégios e centros de formação, etc. Normalmente, são gerados 200 a 500 litros de águas residuais por cada pessoa ligada ao sistema todos os dias. E a quantidade destas águas residuais é tratada por estações de tratamento. [21]

1.1.1 Necessidade de tratamento

Quando a água é utilizada pelo público, a água fica poluída com vários poluentes. Estas águas residuais tornam-se a principal causa de doenças transmitidas pela água. A título de exemplo, a matéria orgânica pode provocar a diminuição do oxigénio nos lagos e rios. Esta decomposição biológica de matérias orgânicas é muito prejudicial para a vida aquática. Para além disso, existem vários poluentes que podem ter efeitos tóxicos para a vida aquática e para o público. Por isso, é necessário eliminar os poluentes das águas residuais para salvar o ambiente e proteger a saúde pública. As doenças transmitidas pela água também são eliminadas através de um tratamento adequado das águas residuais. [22],[28]

1.1.2Sobre o Kota

A cidade de Kota está situada ao longo da margem oriental do rio Chambal, na parte sul do Rajastão. É a terceira maior cidade do Rajastão, a seguir a Jaipur e Jodhpur, respetivamente. As coordenadas geográficas de Kota são 25.18^0 N 75.83^0 E. Estende-se por uma área de 12 436 km^2 , o que equivale a cerca de 3,63 % do território total do Rajastão. A elevação média de Kota é de 271 metros. O distrito faz fronteira com os distritos de Sawai Madhopur, Tonk e Bundi, a norte e noroeste. O rio Chambal separa estes distritos de Kota, formando uma fronteira natural. O distrito de Kota é famoso pela pedra de areia, a pedra de Kota, os sarees de Kota, o delicioso kachori e os famosos centros de formação. [23]

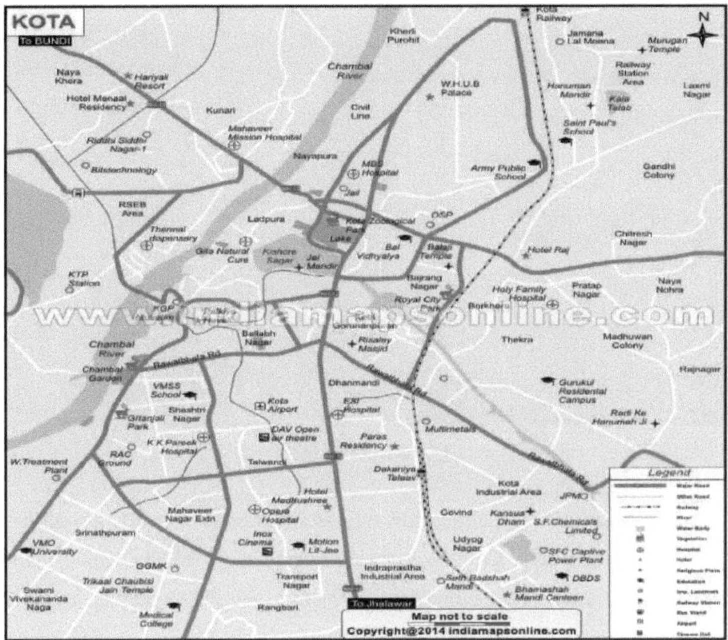

Fig.1.1: Mapa da cidade de Kota

1.1.3 Sobre o Chambal

O rio Chambal nasce no pico Singar Chouri, na encosta norte da colina de Vindhyan, 15 quilómetros a oeste-sul de Mhow, no distrito de Indore, em Madhya Pradesh. Situa-se a uma altitude de cerca de 843 metros. O comprimento do rio Chambal é de 960 km.[24] O Chambal é um rio límpido e de caudal rápido que nasce na Índia Central, situando-se entre 24^0 55' e 26050' N, 75034' e 79018' E. Corre para nordeste e liga-se ao rio Yamuna, fazendo parte do sistema de drenagem do Grande Ganges. O rio Chambal tem, em média, 400 m de largura e 26 m de profundidade. Nas estações das monções, o nível da água sobe até 10-15 m e, muitas vezes, estende-se por 500 m de cada margem. A descarga máxima do rio é de 54.500 m^3/s e a mínima é de 27.000 m^3/s.[2?]

Fig.1.2 Rio Chambal

O Chambal estende-se por mais 217 quilómetros entre M.P. e Rajasthan e mais 145 quilómetros entre Madhya Pradesh e Uttar Pradesh. Corre 32 quilómetros no Uttar Pradesh e depois junta-se ao rio Yamuna no distrito de Jalaun, a uma altitude de 122 metros, tornando-se parte do grande sistema de drenagem do Ganges.

O antigo nome do Chambal era Charmanvati, que significa o rio em cujas margens se seca o couro. Com o passar do tempo, este rio tornou-se famoso como o rio do "charman" (pele) e foi batizado como Charmanvati. O Mahabharata, narrativa épica sânscrita, refere-se ao rio Chambal como o Charmanyavati: originário do sangue de milhares de animais e vacas sacrificados pelo rei ariano Rantideva[26]

As barragens mais famosas do rio Chambal são as seguintes

1. barragem de Gandhi Sagar
2. barragem de Rana Pratap Sagar.
3. barragem de Jawahar Sagar.
4. barragem de Kota.

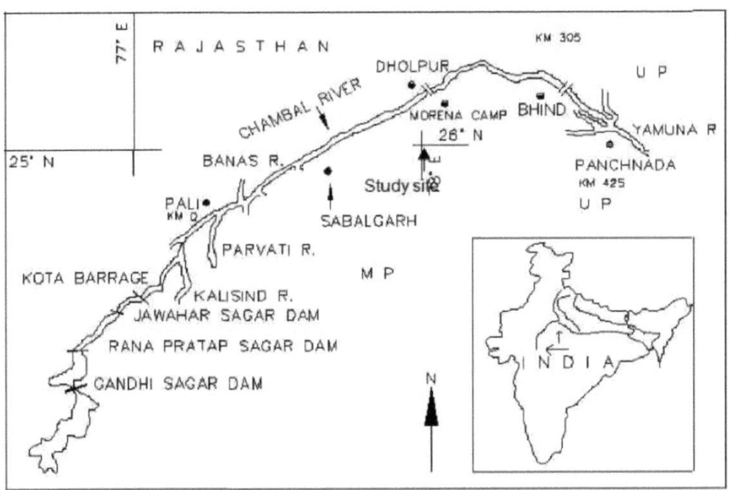

Fig.1.3 Barragens no rio Chambal

1.2 Sistema de esgotos em Kota

- **Antiga linha de esgotos em Kota (por P.H.E.D.):** Pela primeira vez na cidade de Kota, o trabalho do sistema de esgotos foi efectuado pela PHED. A linha de esgotos foi construída entre 1979 e 1984. Na primeira fase, a linha de esgotos foi colocada num comprimento de 6500 metros. A área abrangida por esta linha era Mori ke Hanuman ji até Gulab bari Nayapura Bagh e deste ponto até ao círculo de Antaghar. Na fase seguinte, foi construída uma linha de esgotos com cerca de 2200 metros de comprimento, que cobria a área de Nayapura e Ladpura. Na fase final, a PHED instalou uma linha de esgotos de queda. O comprimento desta linha era de cerca de 6600 metros. A área coberta por esta linha vai de Antaghar Circle a Raipura.

- **Linha de esgotos da R.U.I.D.P.:** Na segunda fase, a R.U.I.D.P. executou a linha de esgotos em Kota. Este trabalho decorreu entre 2002 e 2009. O comprimento desta linha de esgoto lateral e principal era de 4200 metros e a área coberta por esta linha ia de Raipura a Dhakerkheri. O comprimento da linha de esgotos de saída era de 4800 metros.

- **Terceira fase:** O Governo do Rajastão aprovou recentemente um projeto de tratamento de águas na cidade de Kota. No âmbito deste projeto, o Governo criará 5 estações de bombagem de águas residuais, duas estações de tratamento de águas residuais com uma capacidade de 15 MLD e 40 MLD em Kala Talab e Dhakerkheri, respetivamente, e esgotos com diâmetros compreendidos entre 200 mm e 2000 mm, fornecendo ligações de esgotos domésticos até ao limite da propriedade em ambos os lados da estrada, a fim de facilitar a ligação ao sistema por parte dos potenciais consumidores.

Está previsto um incentivo de 3 000 rúpias por agregado familiar para as famílias dessa zona que são elegíveis para o direito a cereais alimentares ao abrigo da Lei Nacional de Segurança Alimentar, a fim de promover ligações de esgotos domésticos.

Para estradas de betão de cimento, restauro da superfície superior em toda a largura até 4 metros de largura e na largura da vala acima de 4 metros de largura de estradas. Para as estradas de betão betuminoso, a restauração da superfície superior em toda a largura até 7 metros de largura e na largura da vala acima de 7 metros de largura das estradas. A provisão de deslocação de serviços públicos também é mantida.

As zonas abrangidas pela presente proposta são Mahaveer Nagar-3, Mahaveer Nagar-3 Extension, Bapu Nagar Kunahari, Rajiv Gandhi Nagar, Dhakania Road, Vigyan Nagar, Talwandi, Ganesh Talab, Basant Vihar e Dadabari Extension, Indira colony, Govindnagar-Premnagar, Borkhera, Pratapnagar, Sarswati colony, Bajrang Nagar e a sua colónia vizinha até à via férrea, a zona circundante de Kala Talab e a zona adjacente. O comprimento total da linha de esgotos é de 340 kms e o diâmetro dos esgotos varia entre 200 mm e 2000 mm.

-O   custo do sistema de recolha - 272 milhões de rands.

-5   estações de bombagem de águas residuais e rede de bombagem - Rs . 33 crores.

-40   MLD e 15MLD STP em Dhakerkheri e Kala Talab - Rs. 68
      crores.

-Diversos   (SIP, escritório, esgotos, máquina de jato de água, centro CRM) - 15 milhões de euros.

    -Trabalhos de colocação de colectores sem vala   (21 kms) - 81 milhões de rands.

    -O custo total   é de Rs 469 Crores, excluindo a operação e a gestão.

O sistema proposto na cidade foi concebido para se ligar ao sistema existente da UIDSSMT/NRCP/RUIDP-I. O sistema estabelecido no âmbito da RUIDP-I está a funcionar (o sistema existente inclui uma ETAR de 20 MLD em Dhakerkheri). No entanto, o sistema abrangido pela UIDSSMT/NRCP ainda não está concluído. A UIT Kota é a agência de execução dos trabalhos do NRCP/UIDSSMT.[27]

Após a execução do projeto, a poluição do rio Chambal será controlada e o número máximo de agregados familiares será ligado ao sistema de esgotos.

1.3 Estações de tratamento de águas residuais

Na cidade de Kota existem principalmente 4 estações de tratamento de águas residuais. São elas:

1. Dhakerkheri STP (20MLD)

2. Sajidhera STP (30MLD)

3. Kala-Talab STP (30MLD)

4. ETAR de Balitha (6 MLD)

Destas quatro estações de tratamento de águas residuais, apenas duas estão a funcionar corretamente, nomeadamente Dhakerkheri e Sajidhera. Os organismos responsáveis pelo funcionamento de Dhakerkheri e Sajidhera são, respetivamente, Nagar Nigam e UIT Kota.

1.1.1 Estação de tratamento de águas residuais de Dhakerkheri

Quadro 1.1

PORMENORES GERAIS DA ESTAÇÃO DE TRATAMENTO DE ÁGUAS RESIDUAIS

Particulars	Details
Category of industry (Red/Orange/others)	Red
Scale of industry	Large
Area of land proposed to be acquired	36.92 hectare
Whether the unit would generate hazardous waste	No
Manufacturing process	Activated sludge process
Pumping stations	4 unit

Quadro 1.2

PORMENORES SOBRE AS MATÉRIAS-PRIMAS, PRODUTOS E
CAPACIDADE DE ARMAZENAMENTO
DA FÁBRICA DE DHAKERKHERI

Particulars	Name
Raw Materials	Raw sewage
Products	Sludge
By products	Nil
Hazardous chemicals	Nil
Energy consumptions	100 H.P.
Details of fuel	Electrical energy
Water consumption per day	1000 liters

1.3.2 Estação de tratamento de águas residuais de Sajidhera

A estação de tratamento de águas residuais de Sajidhera está localizada perto de Dusshera ground Kota.

Tabela: 1.3

ESTAÇÃO DE TRATAMENTO DE ÁGUAS RESIDUAIS DE SAJIDHERA [28]

Particulars	Details
Category of industry(Red/Orange/others)	Red
Scale of industry	Large

Capacity	30MLD
Whether the unit would generate hazardous waste	No
Manufacturing process	SBR
Pumping station	1 unit (LS2)

Tabela: 1.4

PORMENORES SOBRE AS MATÉRIAS-PRIMAS, OS PRODUTOS, A ARMAZENAGEM CAPACIDADE DA ESTAÇÃO DE TRATAMENTO DE SAJIDHERA

Particulars	Name
Raw Materials	Raw sewage
Products	Sludge
By products	Nil
Hazardous chemicals	Nil
Details of fuel	Electrical energy

Fig.1.4 Câmara de entrada

Fig.1.5 Rastreio

Fig.1.6 Tanque de sedimentação com arejamento

Fig.1.7 Visita à estação de tratamento de águas residuais de Sajidhera

Fig.1.8 Processo de cloração

Fig.1.9 Saída do STP

1.4 Metas e objectivos

1. estudar os parâmetros das águas residuais de esgotos a céu aberto.

2. avaliar o efeito na qualidade da água do rio devido à queda de esgotos a céu aberto.

3. conhecer o sistema de esgotos de Kota.

4. estudar se a procura de STP em Kota é satisfeita ou não.

Há 26 esgotos a céu aberto que caem diretamente no rio Chambal. Assim, o objetivo deste estudo é conhecer o sistema de esgotos de Kota e o efeito da água dos esgotos a céu aberto na qualidade do rio Chambal.

1.5 Organização do livro

Capítulo 1 Introdução: Este capítulo apresenta uma breve introdução à cidade de Kota e às águas residuais na cidade, bem como às estações de tratamento de águas residuais. Também aborda um breve resumo da procura e oferta de água e da quantidade de produção de águas residuais. Consiste no contexto do projeto, nos objectivos e nas finalidades do estudo. Inclui também a síntese dos capítulos abordados na dissertação.

Capítulo 2 Pesquisa bibliográfica: Contém um resumo de vários trabalhos de investigação que definem a poluição nos rios, a qualidade das águas residuais e também sobre o tratamento das águas residuais que são úteis para compreender o comportamento das águas residuais.

Capítulo 3 Metodologia: Este capítulo descreve as metodologias que são utilizadas para testar a qualidade das amostras de águas residuais. Explica os conhecimentos sobre o trabalho efectuado para verificar a qualidade das amostras de águas residuais. Contém também definições de parâmetros básicos que estão a ser utilizados no teste da qualidade das águas residuais.

Capítulo 4 Resultados e Discussão: Este capítulo apresenta os resultados experimentais detalhados e as discussões do trabalho completo que foi apresentado nesta dissertação.

Capítulo 5 Conclusão: finalmente, o trabalho foi concluído neste capítulo e também dá algumas ideias para a análise das águas residuais em diferentes cidades do Rajastão.

CAPÍTULO 2
REVISÃO DA LITERATURA

Este capítulo explica os vários estudos relacionados com a qualidade das águas residuais e o seu tratamento. Neste capítulo são também descritas várias investigações que foram efectuadas sobre a avaliação de vários rios e os seus parâmetros de qualidade, que são úteis para compreender o nosso estudo e também para conhecer os limites desejáveis das águas residuais e também a avaliação das estações de tratamento de águas residuais.

D.N. Saksena et. al. (2006) estudaram as caraterísticas físico-químicas da água do rio Chambal no Santuário Nacional de Chambal em Madhya Pradesh. As amostras foram recolhidas em três locais: Estação A, perto de Palighat, distrito de Sheopurkalan, Estação B, perto de Rajghat, distrito de Morena e Estação C, perto de Baraighat, distrito de Bhind, entre abril de 2003 e março de 2004. Os parâmetros de qualidade da água, nomeadamente transparência (12,12 - 110 cm), cor (transparente-muito turva), turvação (1-178 TNU), condutividade eléctrica (145,60-884 µs cm/l), sólidos totais dissolvidos (260-500 mg/l), pH (7.60-9.33), oxigénio dissolvido (4.86-14.59 mg/l), dióxido de carbono livre (0-16.5 mg/l), alcalinidade total (70-290 mg/l), dureza total (42-140 mg/l), cloreto (15.62-80.94 mg/l), nitrato (0.008-0,025 mg/l), nitrito (0,002-0,022 mg/l), sulfato (3,50-45 mg/l), fosfato (0,004-0,050 mg/l), silicato (2,80-13,80 mg/l), demanda bioquímica de oxigênio (0,60-5,67 mg/l), demanda química de oxigênio (2.40-26,80 mg/l), Amoníaco (nulo-0,56 mg/l), Sódio (14,30-54,40 mg/l) e Potássio (2,10 mg/l-6,30 mg/l) reflectem a natureza prístina do rio no santuário nacional de Chambal. Eles colocaram o rio Chambal sob Oligosaprobic com base nesses parâmetros de qualidade da água. Quando estes parâmetros do estudo foram comparados com as normas indianas (IS: 1974, 1991) para o abastecimento público de água, piscicultura e irrigação, mostram que todos esses parâmetros estão bem dentro dos limites. As caraterísticas da água consideradas para o estudo mostram que a água do rio no Santuário Nacional de Chambal é isenta de poluição e pode servir como um bom habitat para muitos animais aquáticos, incluindo espécies ameaçadas de extinção. [1]

Rashmi Patel et. al. (2015) estudaram o efeito na qualidade da água do rio Mandakini devido à descarga de esgotos no mesmo. O local foi selecionado no rio Mandakini de Chitrakoot, distrito de Satna (M.P.), Índia. Foram recolhidas amostras de água de cinco locais em três estações (pré-monção, monção e pós-monção) durante o ano de 2012-2013. As amostras de água foram submetidas a análises físico-químicas através de vários parâmetros, nomeadamente temperatura, pH, DO, CBO, CQO, condutividade eléctrica, TDS, TSS, TS e teor de cloreto. As águas residuais não tratadas são diretamente adicionadas às massas de água, tais como rios, lagos, lagoas, etc. e esta água não tratada polui a água doce da região, tornando-a contaminada. Os valores da maioria dos parâmetros físico-químicos eram impróprios para a massa de água. Por conseguinte, é necessário tratar os resíduos não tratados antes de descarregar as águas de drenagem nas massas de água. Concluíram que, devido à urbanização descontrolada e ao grande número de peregrinos que se deslocam às cidades sagradas em diferentes ocasiões, a carga sobre os sistemas de esgotos aumenta efetivamente. A descarga direta de resíduos não tratados nas massas de água está a criar uma situação alarmante para a qualidade das águas superficiais e subterrâneas. Alguns elementos podem ter de ser reduzidos a um nível mínimo para evitar qualquer efeito tóxico numa aplicação a longo prazo. Esta situação pode ser controlada evitando a introdução de elementos tóxicos nas águas residuais e procedendo a um tratamento adequado das mesmas. [2]

Nitin Gupta, et. al. (2011), de Kota, estudou a qualidade da água do rio Chambal. Recolheu amostras de água em diferentes pontos do rio Chambal durante a pré-monção nos anos de 2007 a 2009. Examinou os parâmetros físico-químicos das amostras. Obteve como resultados que o rio Chambal estava poluído na época pré-monção e que a água do rio estava poluída pela eliminação de matérias orgânicas e inorgânicas diretamente no rio sem qualquer tratamento. [3]

Saba Shirin e **Akhilesh Kumar Yadav, (2014)** investigaram a qualidade da água do rio Ganga na cidade de Haridwar, Uttarakhand, Índia. Este estudo foi realizado com base na sua fonte de água, na origem da poluição, como a utilização por seres humanos e animais. Foram efectuadas análises físico-químicas como pH, temperatura, TDS, TS, COD, BOD, DO durante o período de janeiro de 2010 a dezembro de 2011. Este estudo apresentou o estado do rio Ganga e sensibilizou para a poluição da água. Os resultados mostram que todos os parâmetros estão dentro dos limites desejáveis e que os locais foram facilmente tratados para utilização posterior. [4]

Arvind Kumar Rai, et. al. (2012) efectuou um estudo sobre o efeito na qualidade da água do rio Harmu em Ranchi devido à eliminação de águas residuais. A análise dos parâmetros físico-químicos foi efectuada e os valores encontrados foram excessivos, tal como prescrito pela organização mundial de saúde. Concluíram que os parâmetros da água utilizados para o estudo estão acima do nível de poluição e não são úteis para satisfazer várias necessidades. Este estudo mostrou que a água do rio Harmu está muito contaminada devido à adição de resíduos urbanos e de esgotos domésticos, que entram no rio a partir de ambas as margens. Isto afecta a saúde das pessoas a jusante da cidade de Ranchi. É necessário compreender melhor estes pequenos rios para que possam ser geridos de forma eficaz. [5]

Vijay Kumar et. al. (2016) avaliaram as flutuações da qualidade da água, a qualidade da água do rio Ganga para a cidade de Varanasi é conduzida durante a estação pós-monção de montante para jusante. Selecionaram cinco locais para a recolha de amostras que eram Ramna como a montante,

Samne, Assi Ghat, Dashashwamedh Ghat como a meio do rio e Raj Ghat como a jusante. E avaliar os parâmetros de qualidade da água, tais como pH, condutividade, sólidos suspensos, TDS, DO e CBO. Neste estudo, utilizaram o sistema de informação geográfica e analisaram o problema para indicar a carga de poluição no rio Ganga. O SIG também pode sugerir a seleção do local ideal para a estação de tratamento de águas residuais (ETAR) com base na carga de águas residuais, na qualidade e nas condições geográficas. A qualidade da água do rio está a deteriorar-se devido à eliminação das águas residuais e a outras actividades poluentes. O DO e o pH estão a diminuir e a condutividade, a CBO, os sólidos suspensos e os TDS estão a aumentar. O nível de CBO aumentou de tal forma que se tornou impróprio para tomar banho. Os golfinhos do Ganges também são afectados por esta poluição. É urgente implementar várias estações de tratamento de águas residuais para além da proposta[6]

Dr. K.M. Sharma et. al. (2015) analisou as técnicas de águas residuais com especial referência à cidade de Kota. Selecionaram três locais, um a montante do rio e a meio da cidade e outro a jusante do rio. As amostras foram recolhidas nesses locais e os parâmetros de qualidade da água foram testados. Nos países em desenvolvimento, como a Índia, os principais problemas surgem no tratamento das águas residuais devido à falta de tratamento. As questões relacionadas com a poluição da água dominam as preocupações públicas sobre a qualidade da água nacional e a manutenção de ecossistemas saudáveis. A investigação e o desenvolvimento de novas tecnologias de baixo custo e de métodos de fácil utilização constituem um desafio, que pode evitar a ameaça e proteger a degradação dos nossos valiosos recursos naturais. As abordagens anteriores para o controlo da poluição da água devem ser modificadas. Devido ao facto de os recursos hídricos disponíveis estarem a deteriorar-se continuamente. As alterações devem ser efectuadas através da utilização de novas técnicas de desenvolvimento de tratamentos de águas residuais. Neste artigo, tentaram explicar as técnicas de tratamento de águas residuais que estamos a utilizar atualmente e o que pode ser acrescentado a estas técnicas. As novas técnicas que explicaram foram a filtração por membrana, a tecnologia de filtração automática variável (AVF) e a nova tecnologia de saneamento urbano. [7]

Mughda Agrahari e **Veena B. Kushwaha (2012)** debruçaram-se sobre as flutuações observadas nas propriedades físico-químicas da água do rio Rapti em Gorakhpur devido à drenagem de águas residuais para o rio. Selecionaram três locais de amostragem num troço de 6 km do rio Rapti. Foram recolhidas amostras de água nesses três locais. Observou-se um aumento dos parâmetros como a condutividade eléctrica, o TDS, o CO2 livre, a alcalinidade bicarbonatada, a dureza total, a dureza Ca e Mg, o cloreto, o nitrato, o fosfato, o sulfato, a CBO e a CQO, ao passo que se observou uma diminuição do pH, do OD e da alcalinidade carbonatada no ponto de mistura das águas residuais. Estes parâmetros encontravam-se dentro dos limites da norma indiana fora do ponto de mistura das águas residuais e a qualidade da água era também boa para a vida aquática. [8]

Jeroen H.J. Ensink et. al. (2009) efectuaram um estudo sobre a qualidade da água com o objetivo de quantificar as alterações espaciais e temporais dos principais parâmetros de qualidade da água ao longo de um troço de 40 km do rio Musi. O estudo revelou que a qualidade da água do rio melhorava drasticamente com a distância da cidade; de esgotos não tratados para água de irrigação, segura para utilização na agricultura, a 40 km a jusante da cidade. Esta melhoria foi conseguida através de diferentes processos de tratamento causados pelos açudes de irrigação colocados no rio. A eliminação das águas residuais teve um impacto misto nos utilizadores a jusante. A contaminação da qualidade da água significa que alguns tanques perto da cidade eram impróprios para o cultivo de peixe e alguns agricultores afirmaram que a água do Musi era imprópria para uso na agricultura.[9]

N. Sarang e L.L. Sharma (2014) estudaram diversas variações da fauna bentónica e parâmetros físico-químicos selecionados da barragem de Kota Barrage. Recolheram amostras durante inquéritos mensais no período de novembro de 2004 a outubro de 2005. O estudo mostrou que a barragem é afetada pela poluição gerada pela central térmica e pelos esgotos domésticos. Com base nos valores de profundidade de visibilidade, a barragem de Kota pode ser classificada como "Moderadamente eutrófica" e os valores de azoto nitrato da barragem de Kota indicam um estado "Mesotrófico" e os valores de dureza desta barragem são "Moderadamente duros"[10]

Kavita N. Choksi et. al. (2015) avaliaram o desempenho da estação de tratamento de águas residuais de Anjana, Surat. As amostras tratadas e não tratadas foram recolhidas duas vezes por semana, às segundas e quintas-feiras de cada mês, nas sessões de inverno e nas sessões de verão. Os parâmetros selecionados foram o pH, a turvação, o TSS, o TDS, a CQO e a CBO. Os resultados obtidos das amostras foram comparados com as normas BIS e GPCB. Uma estação de tratamento de águas residuais com processo de lamas activadas como método de tratamento biológico foi utilizada para avaliação do desempenho. O desempenho global da estação foi satisfatório. Assim, a amostra testada em laboratório mostrou que a estação está a funcionar satisfatoriamente e que a unidade individual também está a funcionar bem[11]

Yashoda Saini, (2016) et. al. estudou o tratamento de águas residuais e a sua utilização ecológica em Pinjarpole Gausala em Nawalgarh, Rajasthan. O estudo mostrou claramente que, devido à escassez de água e à previsão de agravamento da escassez aguda até 2025, se a reciclagem da água também for efectuada a nível doméstico, será possível poupar água e diminuir o volume de água poluída libertada para os esgotos, controlando assim a poluição do solo e dos níveis de água abaixo das camadas terrestres e evitando várias doenças. Esta água reciclada é também utilizada para regar o jardim e as plantas que são mantidas na sociedade. Após a conclusão do tratamento, a grande quantidade de águas residuais recolhidas na estação de tratamento de Pinjarpole será desviada para a zona vizinha para as suas culturas forrageiras[12]

Kunwar P. Singh, et. al. (2003) estudou o impacto da eliminação de águas residuais/lamas (metais e pesticidas) das estações de tratamento de águas residuais (ETAR) de Jajmau, Kanpur (5 MLD) e Dinapur, Varanasi (80 MLD), na saúde, na agricultura e na qualidade ambiental nas zonas de receção/aplicação em torno de Kanpur e Varanasi no Uttar Pradesh, Índia. As amostras foram recolhidas nos pontos de entrada e de saída da instalação. Os dados mostram níveis elevados de metais e pesticidas em todos os meios ambientais, sugerindo um impacto adverso na qualidade ambiental da zona de eliminação. Os níveis críticos dos metais pesados no solo para as culturas agrícolas são muito mais elevados do que os observados nas zonas de estudo que não recebem efluentes. As lamas das ETAR têm impactos positivos e negativos na agricultura, uma vez que estão carregadas com elevados níveis de metais pesados tóxicos e pesticidas, mas também são enriquecidas com vários ingredientes úteis, como N, P e K, que fornecem valores fertilizantes. [13]

Samita Jain (2012) avaliou a qualidade da água em três estações do rio Chambal. Escolheu três estações para a recolha de amostras: Kota, a 2 km da cidade, perto da barragem de Kota e de Rameshwaram Ghat, em Swaimadhopur. Foram analisados três parâmetros: DO, CBO e pH. Foram selecionadas três estações diferentes no rio Chambal para estudar as caraterísticas físico-químicas da água do rio nos anos de 1997 a 2010. O estudo baseou-se em dados secundários recolhidos de vários departamentos governamentais, relatórios publicados e não publicados. Os dados relativos aos parâmetros da água que cobrem as águas superficiais foram recolhidos através dos relatórios do Conselho de Controlo da Poluição do Rajastão. Este estudo revelou que a poluição no rio Chambal não se alterou de 1997 a 2010 e que a diferença entre os três poluentes é altamente significativa. Para três estações, a diferença não é significativa e para três poluentes a diferença é significativa. O efeito de interação também não é significativo. Isto indica que o nível de poluição não é diferente nas diferentes estações devido aos três poluentes e que o efeito de interação também não está presente.

Leena Muralidharan, et. al. (setembro de 2015) estudou as caraterísticas físico-químicas de Shivaji Talao Mumbai, para analisar parâmetros ecológicos como pH, 02, CO2, dureza total, salinidade e turbidez da água. O estudo mostra que o valor do pH foi de 8,5, o oxigénio dissolvido foi de 0,67mg/l. O teor de óxido de carbono, a salinidade, o fosfato, a turbidez e o nível de dureza total foram encontrados aumentados. A cor da água do lago variava entre o castanho-claro e o castanho-escuro. Talao foi classificado na categoria de alcalino-lipídico. Valores elevados de salinidade e menos oxigénio dissolvido não são adequados para a sobrevivência de formas vivas, uma vez que os peixes necessitam de pelo menos 4-6 mg/l de DO. Os níveis de nutrientes indicam que a água é suficientemente boa para a existência de algas e outras espécies de plantas aquáticas. As águas residuais também foram lançadas no lago, o que contribui para a poluição e pode ser prejudicial para o ecossistema. O estudo revelou que a água não era adequada para a vida aquática. [15]

Lakhanpal S. Kendre e **Sagar M. Gawande (abril de 2017)** estudaram os materiais e os métodos de análise das caraterísticas físico-químicas do rio Pavana, em Pune, a partir de uma pesquisa bibliográfica. As amostras de água foram recolhidas do rio à medida que a profundidade muda. Os parâmetros físico-químicos como pH, DO, COD, BOD, Condutividade eléctrica, Alcalinidade, Sólido dissolvido total, Dureza, Dióxido de carbono livre, Fósforo total como Fosfato, Sólidos suspensos totais, Sólidos totais, Turbidez, Metais pesados, etc. foram estudados durante a análise. As massas de água de superfície tornam-se a fonte de despejo de efluentes industriais e resíduos domésticos. Como resultado, o equilíbrio dinâmico naturalmente existente entre os segmentos ambientais é afetado, conduzindo ao estado de rios poluídos. Segundo a decisão da OMS, a água destinada aos consumidores deve estar isenta de organismos patogénicos e de substâncias tóxicas. [16]

Shivayogimath C.B et. al. (2012) avaliou a qualidade da água numa extensão de 30 km do rio Ghataprabha, medindo vários parâmetros físico-químicos e biológicos da qualidade da água. Foram selecionadas sete estações de amostragem para recolher as amostras de água. Os parâmetros como a temperatura, o pH, o oxigénio dissolvido (OD), a carência biológica de oxigénio (CBO), a carência química de oxigénio (CQO), a dureza, a alcalinidade, etc. foram analisados todos os meses durante dois anos (2006-07 e 2007-08) e apresentados como valores médios de dois anos durante as estações pré-monção e pós-monção. De acordo com a análise, verificou-se que houve um aumento significativo, especialmente na estação pré-monção, em todos os parâmetros físico-químicos a jusante da cidade de Gokak. No entanto, todos os parâmetros se encontravam dentro dos limites prescritos pelas normas relativas à água potável. [ ][17]

Rout Chadetrik et. al. (2015) estudou a qualidade da água ao longo de quatro locais de amostragem diferentes do rio Yamuna durante um período de seis meses (maio de 2014 a outubro de 2014). Foram analisados parâmetros de qualidade da água como a CE, o TDS, a turvação, o cloreto e a carência química de oxigénio no rio Yamuna. Os resultados mostram que parâmetros como a CE e a turbidez excedem o nível de poluição e o TDS é superior ao limite desejado, conforme prescrito pelo BIS em todas as estações de amostragem. Concluiu-se que o rio Yamuna na cidade de Agra está altamente poluído e não é seguro para consumo humano. A contaminação da água do rio pode dever-se à eliminação de águas residuais não tratadas. [18]

Sunil K. Pandey (2014) deu ênfase à avaliação físico-química da qualidade da água do rio Bicchiya, perto da cidade de Rewa. Foram selecionadas três estações de amostragem para a recolha de amostras: a estação A, perto da confluência do rio Redwa (aldeia de Khaira), a estação B, perto do templo de

Kasthar Nath (município de Gurh) e a estação C, perto da cidade de Rewa, entre junho de 2011 e maio de 2012. Foram considerados os parâmetros pH, alcalinidade total, dureza total, sólidos totais dissolvidos, oxigénio dissolvido, carência bioquímica de oxigénio, carência química de oxigénio, condutividade eléctrica, silicato e sódio. A análise da água do rio Bicchiya mostra que a água do rio na estação de amostragem A era muito má; a estação B era má e a estação C era imprópria para beber e para a vida aquática.[19]

Mukesh Katakwar (2014) estudou as caraterísticas físico-químicas da água do rio Korni em Pipariya Madhya Pradesh. Foram estabelecidas duas estações de amostragem, Nandwara e Khaparkheda, para a recolha de amostras de água entre junho de 2010 e julho de 2011. Os parâmetros de qualidade da água, nomeadamente transparência, turbidez, condutividade eléctrica, sólidos totais dissolvidos, pH, oxigénio dissolvido, carbono livre

dióxido de carbono, alcalinidade total, dureza total, cloretos, nitratos, nitritos, sulfatos, fosfatos, silicatos, carência bioquímica de oxigénio, carência química de oxigénio, amoníaco, sódio e potássio, reflectem a natureza imaculada do rio em Hoshangabad. O afluente do Narmada, o rio Korani, nesta extensão, foi classificado como oligossapróbico. O estudo mostra que todos estes parâmetros se encontram dentro dos limites. As caraterísticas da água indicam que a água do rio na área acima referida é isenta de poluição e pode servir como um bom habitat para a vida aquática. [20]

CAPÍTULO 3

METODOLOGIA

3.1Metodologia   adoptada

Sabe-se pelos jornais e meios de comunicação electrónicos que a qualidade da água dos rios se deteriora continuamente devido à descarga de água não tratada. Também no estudo dos investigadores, é explicado que a qualidade da água do rio é afetada negativamente pela descarga direta de águas residuais e também é afetada pela falta de sistema de esgotos. Nesta base, foram estudadas diferentes teorias de diferentes trabalhos de investigação nos primeiros dois meses (fevereiro e março).

Com base nestas teorias, decidiu-se estudar e analisar o sistema de esgotos e a qualidade da água dos esgotos a céu aberto que caem no rio Chambal. Para levar a cabo esta tarefa, é necessário, antes de mais, obter informações adequadas sobre o sistema de esgotos existente, as estações de tratamento de águas residuais e os esgotos a céu aberto. Para tal, foram visitados nos próximos dois meses locais de diferentes sistemas de esgotos e estações de tratamento com a autorização de diferentes organismos funcionais como Nagar Nigam, UIT, Conselho de Controlo da Poluição, RUIDP, etc.

A partir do mês de junho, começámos a recolher amostras de vários esgotos abertos e também do rio Chambal, testámos os vários parâmetros dessas amostras e chegámos aos resultados.

Os locais onde foram recolhidas as amostras são indicados a seguir:

Quadro 3.1

AMOSTRA DE CODIFICAÇÃO

S.NO.	SAMPLE PLACE	SAMPLE CODE
1.	Godawari Dham drain	S1
2.	Chambal river at Chambal garden	S2
3.	Dadabari circle drain	S3
4.	Jawahar nagar petrol pump drain	S4
5.	Drain Infront of RAC office	S5
6.	Chambal river at Bhitriya Kund	S6
7.	Drain near by St. Paul School	S7
8.	Sajidhera drain	S8
9.	Drain near Ram Dass Circle (Station Side)	S9
10.	Kala talab	S10
11.	Drain near Bhitriya Kund	S11
12.	Chambal River at Karai ke balaji	S12
13.	Chambal river at Station	S13
14.	STP Sajidhera	S14
15.	STP Dhakerkhedi	S15

3.2 Amostragem   de águas residuais

A amostragem de águas residuais foi efectuada em vários esgotos abertos e no rio Chambal da cidade de Kota. A amostragem e o trabalho experimental foram iniciados entre junho de 2017 e agosto de 2017.

3.2.1 Contentor de amostras

1) Utilizámos um balde de plástico de litros e garrafas de plástico de 1 e 1,5 litros.

2. os frascos e o balde foram esterilizados e enxaguados corretamente.

3.2.2 Recolha de amostras

1. garrafas de plástico lavadas 2-3 vezes antes da amostragem.

2. as amostras foram recolhidas em diferentes drenos abertos e em alguns locais do rio Chambal.

Fig. 3.1: Recolha de amostras do esgoto perto da St. Paul's School

Fig. 3.2 Recolha de amostras do esgoto de Dadabari Circle

Fig. 3.3: Colheita de amostras do rio Chambal em Bhitriya Kund

Fig. 3.4: Recolha de amostras do esgoto em frente ao gabinete da CCR

3.3População   e procura de água

De acordo com o censo da Índia de 2011, a população de Kota é de 19, 51,014 lacs pessoas. Desta população, 39,75 % é rural e 60,3 % é urbana. Existem 5 Tehsils (Itawa, Sultanpur, Ladpura, Khairabaad, Sangod), 5 Panchayat Samitis e 874 aldeias em Kota. A proporção de sexos de Kota em 2011 é 911.

Para conhecer a população do ano 2017 de Kota, podemos fazer uma previsão da população a partir do método do aumento incremental, obtendo os dados da população dos últimos 100 anos a partir do recenseamento de Kota.

Quadro 3.2

PREVISÕES DEMOGRÁFICAS

Year	Population	Increase in population	Incremental increase
1921	31,707		
1931	37,876	6169	
1941	47,339	9463	3294
1951	65,107	17768	8305
1961	1,20,345	55238	37470
1971	212991	92646	37408
1981	358241	145250	52604
1991	537371	179130	33880
2001	694316	156945	-22185
2011	1001694	307378	150433
		$\bar{x}=969787/9=107776$	$\bar{y}=301209$

$Px = P_0 + nx = + \{n\,(n+1)/2\}y$

$P2017 = P2011 + 0.6(x) + \{0.6(0.6+1)/2\}30$, $1209 = 1.210, 940$ pessoas

População estimada por previsão + população flutuante 1.210.940+250000 =14, 60.940 pessoas.

Necessidade de água

Tomando a procura de água de 200 lpcd,

14, 60,940×200= 292,180 MLD Água necessária para satisfazer a procura da cidade de Kota.

As duas estações de tratamento de água, Akelgarh, com 212 MLD de capacidade, e Mini Akelgarh, com 130 MLD de capacidade, estão a satisfazer a procura de água de

Cidade de Kota. Estas duas centrais estão a fornecer água a 270 MLD e 120 MLD, respetivamente. Assim, o abastecimento de água é de 390 MLD.

Como 80% deste abastecimento de água vai para os esgotos como águas residuais, o total de águas residuais geradas na cidade de Kota é de 312 MLD. E só temos duas estações de tratamento de águas residuais em funcionamento, a primeira é Dhakerkheri (20 MLD) e a segunda é Sajidhera (30 MLD).

Assim, cerca de 262 MLD de águas residuais precisam de ser tratadas através de estações de tratamento de águas residuais. Por conseguinte, são necessárias mais estações de tratamento de águas residuais em Kota, a partir das quais as águas residuais tratadas chegarão ao rio Chambal.

3.4 Parâmetros importantes das águas residuais

3.4.   1pH

O pH de uma solução é conhecido como o logaritmo negativo da concentração de iões de hidrogénio ou, podemos dizer, a uma determinada temperatura, o valor do carácter ácido ou básico de uma solução é indicado pelo pH. Os valores de pH de 0 a 7 revelam uma natureza ácida, de 7 a 14 revelam uma natureza alcalina e 7 é neutro. A medição do pH é um dos testes mais importantes. O tratamento da água e das águas residuais e a gestão da qualidade dos resíduos dependem do pH. O pH da água natural situa-se geralmente entre o limite de 4 e 9 e, na maior parte dos casos, é ligeiramente básico devido à presença de bicarbonatos e carbonatos de metais alcalinos e alcalino-terrosos. O valor do pH é regulado em grande parte pelo equilíbrio dióxido de carbono/bicarbonato/carbonato. O efeito do pH nas propriedades químicas e biológicas dos líquidos torna este parâmetro muito importante. É utilizado em muitos cálculos em trabalhos analíticos e o seu ajustamento a um valor adequado é absolutamente necessário em muitos dos procedimentos analíticos.

Numa solução diluída, a atividade do ião hidrogénio é aproximadamente igual à concentração do ião hidrogénio.

3.4.1.   1Procedimento

Calibração do medidor de pH;

-Colocar   o elétrodo na solução tampão de pH 7.

-Agora,   deixe o ecrã estabilizar.

-Ajuste   o visor para a leitura 7, regulando Cal.1.

-Retirar   o elétrodo do tampão.

-Enxaguar   o elétrodo com água desionizada e secar com um pedaço de tecido.

-Colocar   o elétrodo na solução tampão pH 4.

-Permitir   que o ecrã estabilize.

-Ajuste   o ecrã para 4, regulando Cal.2.

-Retirar   o elétrodo do tampão.

-Agora   o mesmo para o tampão 9.2.

-Por fim, lavar o elétrodo com água desionizada e secá-lo.

Medição do pH:

-O medidor de pH deve ser colocado no modo pH e a temperatura deve ser ajustada para 25 graus centígrados.

-Colocar   o elétrodo na amostra a testar.

-O pH da solução aparece no ecrã.

Deixe o ecrã estabilizar antes de efetuar a leitura.

Fig.3.5 Medidor de pH

3.4.   2Oxigénio dissolvido

O Oxigénio Dissolvido é a quantidade de oxigénio dissolvido numa unidade de volume de água. O Oxigénio Dissolvido (OD) é necessário para a manutenção de lagos e rios saudáveis. É uma medida da qualidade da água para sustentar a vida aquática. O teor de oxigénio dissolvido da água é afetado pela fonte, pela temperatura da água bruta, pelo tratamento e pelos processos químicos ou biológicos que ocorrem no sistema de distribuição. A presença de oxigénio na água é um bom sinal. O esgotamento do oxigénio dissolvido no abastecimento de água pode encorajar a redução microbiana do nitrato a nitrito e do sulfato a sulfureto. Pode também causar um aumento na concentração de ferro ferroso em solução, com a subsequente descoloração na torneira quando a água é arejada. Numa massa de água saudável, como um lago, rio ou ribeiro, o oxigénio dissolvido é de cerca de 8-9 partes por milhão. O nível mínimo de OD de 4 a 5 mg/L ou ppm é desejável para a sobrevivência da vida aquática. O cone de OD aumenta à medida que o rio recebe oxigénio da atmosfera e das plantas aquáticas. Assim, o teste de DO é a base para o teste de CBO, que é um parâmetro importante para avaliar o potencial de poluição orgânica de um resíduo. O controlo da taxa de arejamento é essencial para todos os processos de tratamento biológico aeróbio de águas residuais.

3.4.2.1 Aparelho necessário

1   . bureta.

2   . suporte para buretas.

3. 300 ml de garrafas de vidro com rolha de CBO.

4. 500 ml de erlenmeyer.

5. pipetas com pontas alongadas.

6   ) Balão de pipeta.

7. 250 ml de garrafas graduadas

8. garrafa de lavagem

3.4.2.2 Químicos necessários

1. solução de sulfato manganoso

2. solução alcalina de iodeto-azida

3. ácido sulfúrico, concentrado

4. solução indicadora de amido

5. tiossulfato de sódio

6. água destilada ou desionizada

7. Hidróxido de potássio

8. Iodeto de potássio

9. Azida de sódio

3.4.2.3 Procedimento

- Encher duas garrafas de vidro de 300 ml com rolha de CBO com a amostra a analisar. Evitar qualquer tipo de borbulhamento e de aprisionamento de bolhas de ar. Lembre-se de que não há bolhas.

(Ou)

- Recolher a amostra colhida no campo. Esta deve ser recolhida num frasco de CBO cheio até ao bordo.

- Adicionar 2 ml de sulfato de manganês ao frasco de CBO, introduzindo a pipeta calibrada um pouco abaixo da superfície do líquido.

- Adicionar 2 ml de reagente alcalino-iodeto-azida da mesma forma.

- Apertar a pipeta lentamente para que não sejam introduzidas bolhas através da pipeta (A pipeta deve ser mergulhada na amostra enquanto se adicionam os dois reagentes acima referidos. Se o reagente for adicionado acima da superfície da amostra, será introduzido oxigénio na amostra).

- Se houver oxigénio, aparece uma nuvem laranja-acastanhada de precipitado ou floco.

- Deixar repousar durante um período de tempo suficiente para reagir completamente com o oxigénio.

- Adicionar 2 ml de ácido sulfúrico concentrado através de uma pipeta colocada imediatamente acima da superfície da amostra.

-Tapar com cuidado e inverter várias vezes para dissolver o floco.

-Neste ponto, a amostra é "fixa" e pode ser armazenada até 8 horas se conservado num local fresco e escuro.

Lavar a bureta com tiossulfato de sódio e depois enchê-la com tiossulfato de sódio. Fixar a bureta no suporte.

-Medir 203 ml de solução do frasco e transferir para um erlenmeyer.

-A titulação deve ser iniciada imediatamente após a transferência do conteúdo do frasco cónico.

-Titrar com tiossulfato de sódio, utilizando o amido como indicador. (Adicionar 3-4 gotas de solução indicadora de amido).

-O ponto final da titulação é o primeiro desaparecimento da cor azul para incolor.

-Anotar o volume da solução de tiossulfato de sódio adicionada que dá o oxigénio dissolvido em 7,9 ml.

-Repetir a titulação para obter valores concordantes.

34

Método que seguimos para avaliar o oxigénio dissolvido através de um medidor de OD:

3.4.2.   4Calibração

-Ligar a sonda ao medidor.

-Certifique-se de que a porca de bloqueio do cabo está bem ligada ao medidor.

-        Ligar o contador.

•   Prima Calibrar.

-        Prima Métodos>Selecionar Calibração do utilizador - 100% > Prima OK.

-        Lavar a tampa da sonda com água desionizada   .

-        Secar com um pano que não largue pêlos.

-        Adicionar cerca de ¼ de polegada (6,4 mm) de água reagente a um frasco de gargalo estreito, como um frasco de CBO.

-        Colocar uma rolha na garrafa e agitar vigorosamente a garrafa durante cerca de 30 segundos para saturar o ar retido com água. Aguardar até 30 minutos para que o conteúdo atinja a temperatura ambiente.

-        Retirar a rolha. Secar cuidadosamente a tampa da sonda com um pano não abrasivo. Colocar a sonda no frasco.

-        Prima Ler. O ecrã apresenta "Stabilizing" (Estabilização) e uma barra de progresso à medida que a sonda estabiliza. O ecrã apresenta o valor padrão quando a leitura está estável.

-        Prima concluído para ver o resumo da calibração.

-        Prima Gravar para aceitar a calibração e regressar ao modo de medição.

3.4.2.5 Medição

- Ligar a sonda ao medidor. Certificar-se de que a porca de bloqueio do cabo está bem ligada ao medidor. Ligar o medidor.

-Enxaguar   a tampa da sonda com água desionizada. Secar com um pano que não largue pêlos.

-Colocar   a sonda na amostra e agitar suavemente ou adicionar uma barra de agitação. Não colocar a sonda no fundo ou nos lados do recipiente. Agitar a amostra a um ritmo moderado ou colocar a sonda em condições de fluxo.

-Colocar   a sonda na amostra a pelo menos 25 mm (0,984 pol.) de profundidade. Prima Ler. O visor apresentará "Stabilizing" (A estabilizar) e uma barra de progresso à medida que a sonda estabiliza na amostra. O visor apresentará o ícone de bloqueio quando a leitura estabilizar.

-Repita   os passos 2-4 para medições adicionais. Quando as medições estiverem concluídas, guardar a sonda.

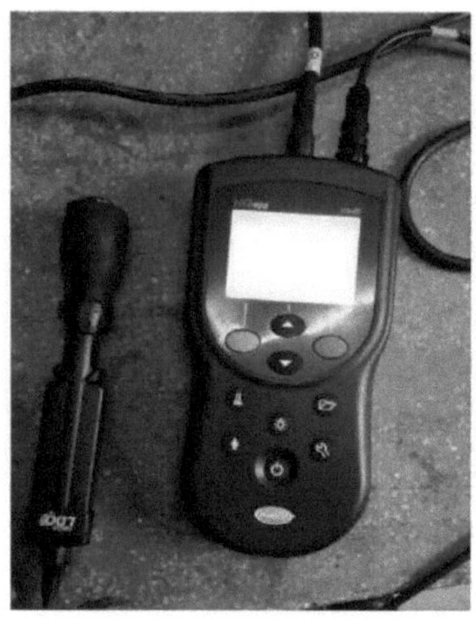

(a) Multimeter with D.O. electrode

(b) Multimeter showing reading of D.O.

Fig. 3.6 Medição de DO

3.4.3 Demanda Bioquímica de Oxigénio

A determinação da carência bioquímica de oxigénio é um procedimento químico para determinar a quantidade de oxigénio dissolvido necessária para que os microrganismos aeróbios decomponham as matérias orgânicas presentes numa determinada amostra de água a uma certa temperatura durante um período de tempo específico. A CBO da água ou da água poluída é a quantidade de oxigénio necessária para a decomposição biológica da matéria orgânica dissolvida. Normalmente, o valor padrão é de 5 dias e a temperatura é de 20° C. A primeira necessidade durante os 20 dias iniciais, aproximadamente, ocorre devido à oxidação da matéria orgânica e é chamada de necessidade carbonácea ou necessidade da primeira fase. A procura posterior ocorre devido à oxidação biológica do amoníaco e é denominada procura azotada ou procura da segunda fase.

Ensaio de CBO:

3.4.3.1   Aparelhos necessários

1. Incubadora de CBO

2. Bureta e suporte para bureta

3. Frascos de vidro com rolha de CBO de 300 ml

4. Frasco cónico de 500 ml

5. Pipetas com pontas alongadas

6. Bolbo da pipeta

7. Garrafas graduadas de 250 ml

8. Frasco de lavagem

3.4.3.2 Químicos necessários

1. cloreto de cálcio

2. sulfato de magnésio

3. cloreto férrico

4. Di Fosfato de hidrogénio e potássio

5. di-hidrogenofosfato de potássio

6. Di hidrogenofosfato de sódio

7. cloreto de amónio

8. sulfato manganoso

9. hidróxido de potássio

10. iodeto de potássio

11. azida de sódio

12. ácido sulfúrico concentrado

13. indicador de amido

14. tiossulfato de sódio

15. destilado ou desionizado

3.4.3. 3 Procedimento

- Colher quatro garrafas de vidro com rolha de CBO de 300 ml (duas para a amostra e duas para o branco).

- Adicionar 10 ml da amostra a cada uma das duas garrafas de CBO e encher a quantidade restante com a água de diluição.

- As restantes duas garrafas de CBO são para o branco, às quais se adiciona apenas água de diluição.

- Após a adição, colocar imediatamente a rolha de vidro sobre os frascos de CBO e anotar os números dos frascos para identificação.

- Conservar agora um frasco de solução em branco e um frasco de solução de amostra numa incubadora de CBO a 20° C durante cinco dias.

- Os outros dois frascos (um branco e uma amostra) têm de ser analisados imediatamente.

- Evitar qualquer tipo de formação de bolhas de ar. Lembre-se - sem bolhas!

- Adicionar 2 ml de sulfato de manganês ao frasco de CBO, introduzindo a pipeta de calibração imediatamente abaixo da superfície do líquido.

- Adicionar 2 ml de reagente alcalino-iodeto-azida da mesma forma. (A pipeta deve ser mergulhada na amostra durante a adição dos dois reagentes acima referidos. Se o reagente for adicionado acima da superfície da amostra, introduz-se oxigénio na amostra)

- Deixar repousar durante tempo suficiente para reagir completamente com o oxigénio.

- Quando este floco tiver assentado no fundo, agitar bem o conteúdo, virando-o de cabeça para baixo.

- Adicionar 2 ml de ácido sulfúrico concentrado através de uma pipeta colocada imediatamente acima da superfície da amostra.

- Tapar com cuidado e inverter várias vezes para dissolver o floco.

- A titulação deve ser iniciada imediatamente após a transferência do conteúdo para o Erlenmeyer.

- Lavar a bureta com tiossulfato de sódio e depois enchê-la com tiossulfato de sódio. Fixar a bureta no suporte.

- Medir 203 ml de solução do frasco e transferir para um Erlenmeyer.

- Titular a solução com uma solução-padrão de tiossulfato de sódio até que a cor amarela do iodo libertado esteja quase desvanecida. (Cor amarela pálida)

- Adicionar 1 ml de solução de amido e continuar a titulação até que a cor azul desapareça e se torne incolor.

  - Anotar o volume de solução de tiossulfato de sódio adicionado, o que dá a D.O. em mg/l. Repetir a titulação para obter valores concordantes.

- Após cinco dias, retirar os frascos da incubadora de CBO e analisar o DO da amostra e do branco.

- Adicionar 2 ml de sulfato de manganês ao frasco de CBO, introduzindo a pipeta calibrada imediatamente abaixo da superfície do líquido.

- Adicionar 2 ml de reagente alcalino-iodeto-azida da mesma forma.

- Na presença de oxigénio, aparece uma nuvem castanho-alaranjada de precipitado ou floco.

- Deixar repousar durante tempo suficiente para reagir completamente com o oxigénio.

- Quando este floco tiver assentado no fundo, agitar bem o conteúdo, virando-o de cabeça para baixo

- Adicionar 2 ml de ácido sulfúrico concentrado através de uma pipeta colocada imediatamente acima da superfície da amostra.

- Tapar com cuidado e inverter várias vezes para dissolver o floco.

- A titulação deve ser iniciada imediatamente após a transferência do conteúdo para o Erlenmeyer.

- Lavar a bureta com tiossulfato de sódio e depois enchê-la com tiossulfato de sódio. Fixar a bureta no suporte.

- Medir 203 ml de solução do frasco e transferir para um Erlenmeyer.

- Titular a solução com uma solução-padrão de tiossulfato de sódio até que a cor amarela do iodo libertado esteja quase desvanecida. (Cor amarela pálida)

- Adicionar 1 ml de solução de amido e continuar a titulação até que a cor azul desapareça e se torne incolor.

- Anotar o volume de solução de tiossulfato de sódio adicionado, o que dá a D.O. em mg/L. Repetir a titulação para obter valores concordantes.

Método que seguimos para avaliar a carência bioquímica de oxigénio através do medidor de CBO da amostra de água:

3.4.3.4 Calibração

- Ligar a sonda ao medidor.

- Lavar a tampa do sensor com água desionizada e secar com um pano.

- Encher uma garrafa de CBO com cerca de ¾ de água (225 ml).

- Colocar a rolha no frasco de CBO e agitar repetidamente, retirar a rolha.

- Inspecionar a superfície do sensor da sonda de CBO. Se estiver húmida, secar com um pano não abrasivo.

- Colocar a sonda de CBO na garrafa de CBO e deixar equilibrar durante cerca de 10 minutos.

- Selecione Calibrar e depois Ler. O ecrã apresentará Estabilização e uma barra de progresso à medida que a sonda se estabiliza no padrão.

- O ecrã realça o valor padrão. Continuar com a calibração do ponto zero, se pretendido. Caso contrário, selecione concluído para ver o resumo da calibração.

- Selecione Store (Armazenar) para aceitar a calibração e voltar ao modo de medição. O registo de calibração é armazenado na sonda e no registo de dados.

- Esta leitura dá-nos o valor do oxigénio dissolvido da amostra diluída e obtemos o fator de diluição a partir daqui.

- Depois de obter esta leitura, colocámos os frascos de CBO das amostras na incubadora durante 5 dias a 20 graus centígrados,

- Em seguida, verificamos o oxigénio dissolvido dessas amostras e subtraímos a leitura final da leitura inicial, multiplicando-a pelo fator de diluição.

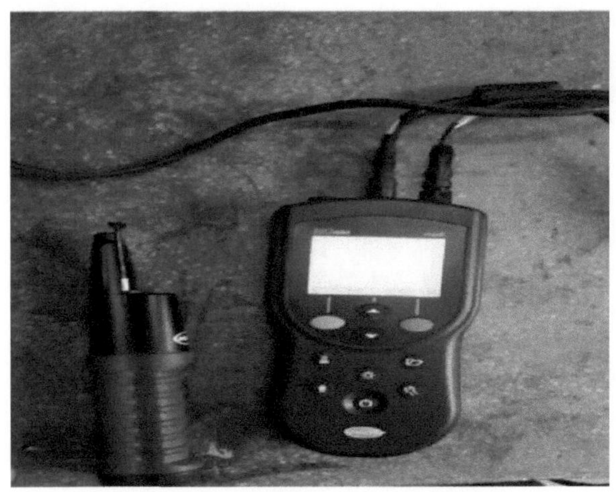

Fig. 3.7 Multímetro com elétrodo de CBO

Fig. 3.8 Amostras de águas residuais de vários locais

Fig. 3.9 Colocação de garrafas de CBO na incubadora para o ensaio de CBO

Fig. 3.10 Determinação da CBO de 5 dias com elétrodo de CBO

Medição

-Ligar a sonda ao medidor.

-Lavar a sonda com água desionizada e secar com um pano.

-Colocar   a sonda na amostra. Engatar a pá agitadora empurrando o botão na parte superior da sonda.

-Selecionar   Ler. O ecrã apresentará Estabilização. E uma barra de progresso à medida que a
sonda se estabiliza na amostra.

-Registar   o valor. Desligar a pá agitadora.

-Retirar   a sonda da garrafa de CBO. Ter o cuidado de não prender a pá agitadora no rebordo
interior da garrafa de CBO. Colocar cuidadosamente a rolha na garrafa.

-Repita   os passos.

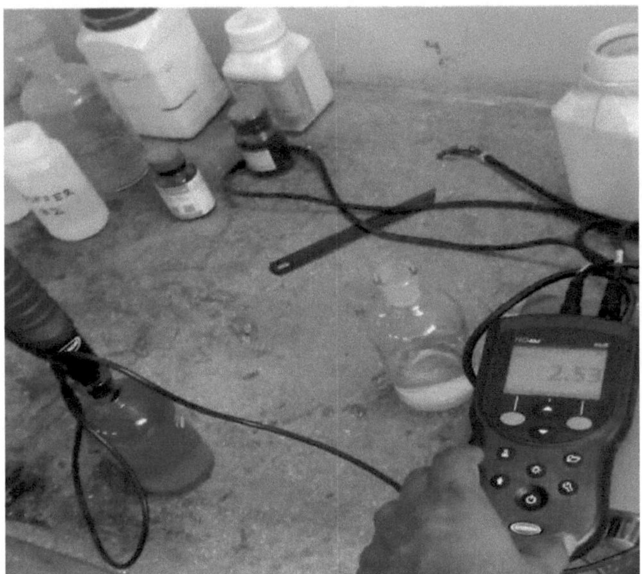

Fig. 3.11 Medição da CBO por elétrodo de CBO e multímetro

3.4.4Demanda química   de oxigénio

O teste de carência química de oxigénio (COD) explica a necessidade de oxigénio equivalente da
matéria orgânica que é necessária para a oxidação com a ajuda de um oxidante químico forte. É o
parâmetro mais rapidamente medido como meio de medição de matérias orgânicas para rios e águas
poluídas. O ensaio pode ser relacionado empiricamente com a CBO, o carbono orgânico ou a matéria
orgânica em amostras provenientes de uma fonte específica, tendo em conta as suas limitações. Os
resultados da CQO podem ser obtidos muito mais rapidamente do que os do ensaio de CBO. Além
disso, o ensaio é relativamente fácil, preciso e não é afetado por interferências como no ensaio de
CBO. A limitação intrínseca do ensaio reside na sua incapacidade de diferenciar entre o material
biologicamente oxidável e o material biologicamente inerte.

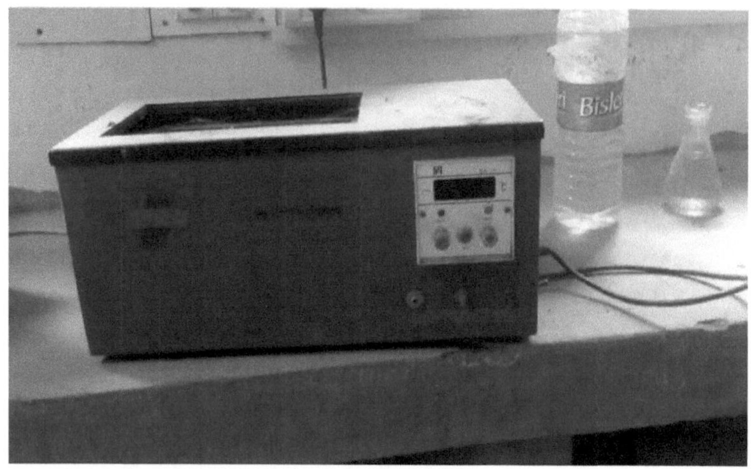

Fig. 3.12 Medidor de CQO

Ensaios

3.4.4.1 Aparelhos   e equipamentos

Erlenmeyer de 1.   250 ou 500 ml com juntas de vidro cónicas normalizadas (24/40).

2.   condensador de refluxo de Friedrich (12 polegadas) com juntas de vidro cónicas normais (24/40).

3.   placa de aquecimento eléctrica ou prateleira de aquecimento com seis unidades.

4.   pipetas volumétricas (capacidade de 10, 25 e 50 ml).

5.   bureta, 50 ml com uma precisão de 0,1 ml.

6.   suporte e pinça para buretas.

7.   balança analítica, precisão 0,001gm.

8.   espátula

9.   balões volumétricos (capacidade de 1000 ml)

10.   contas de vidro para cozer

11.   agitadores magnéticos e barras de agitação

3.4.4.2 Reagentes   e padrões

1.   solução padrão de dicromato de potássio 0,25N (0,04167 M).

2   . reagente de ácido sulfúrico.

3.   sulfato de amónio ferroso padrão aprox. 0,25N (0,25M).

4.   indicador de ferroína.

5.   sulfatos de mercúrio.

6.   Hidrogenoftalato de potássio (KHP) Norma.

3.4.4.3 Calibração

Uma vez que o procedimento envolve a química da matéria orgânica pelo dicromato de potássio como agente oxidante, que é um padrão primário, a calibração não é aplicável. Para a padronização do sulfato ferroso de amónio, diluir 10 ml de $K_2Cr_2O_7$ padrão para cerca de 100 ml. Adicionar 10 ml de H_2SO_4 concentrado e deixar arrefecer. Titular com sulfato ferroso de amónio (FAS) a padronizar utilizando 2-3 gotas de indicador de ferroína. Calcular normalmente.

Normalidade do FAS = (ml K_2 Cr O_{27}) (0,25) / ml FAS necessário.

A deterioração da FAS pode ser reduzida se for armazenada num frasco escuro.

3.4.4.4 Procedimento

Preparação das amostras: Todas as amostras com elevado teor de sólidos devem ser misturadas durante 2 minutos a alta velocidade e agitadas quando se toma uma alíquota para análise. Selecionar o volume adequado de amostra com base no intervalo de CQO esperado, por exemplo, para um intervalo de CQO de 50-500 mg/l, colher 25-50 ml de amostra. Os volumes de amostra inferiores a 25 ml não devem ser pipetados diretamente, mas sim diluídos em série e, em seguida, recolhida uma porção da amostra diluída. O fator de diluição deve ser incorporado nos cálculos.

-        500 ml de amostra diluída para 1000 ml = 0,5 ml de amostra/ml de diluente, 50
         ml - 25 ml de amostra.

-        100 ml de amostra diluída para 1.000 ml = 0,1 ml de amostra/ml de diluente, 50
         ml de diluente = 5 ml de amostra.

Refluxo das amostras

-        Colocar 0,4 g de $HgSO_4$ numa amostra de refluxo de 250 ml

-        Adicionar 20 ml de amostra ou uma alíquota de amostra diluída a 20 ml com água destilada. Misturar bem.

-        Adicionar pedras púmicas ou contas de vidro limpas.

- Adicionar 10 ml de solução de K2Cr2O7 0,25N (0,04167M) e misturar.

- Adicionar lentamente 30 ml de H2SO4 concentrado com Ag2SO4, misturando bem. Esta adição lenta, juntamente com a agitação, evita a fuga de ácidos gordos devido à geração de temperaturas elevadas. Em alternativa, ligar o balão ao condensador com água a correr e adicionar lentamente H2SO4 através do condensador para evitar a fuga da substância orgânica volátil devido à geração de calor.

- Misturar bem. Se a cor ficar verde, recolher nova amostra com uma alíquota menor ou adicionar mais dicromato de potássio e ácido.

- Ligar o balão ao condensador. Misturar o conteúdo antes do aquecimento. Uma mistura incorrecta resultará em choques e na perda de conteúdo do balão.

- Refluxo durante um mínimo de 2 horas. Arrefecer e lavar o condensador com água destilada.

- Desligar o condensador de refluxo e diluir a mistura até cerca do dobro do seu volume com água destilada. Arrefecer até à temperatura ambiente e titular o excesso de K2Cr2O7 com FAS 0,1M utilizando 2-3 gotas de indicador de ferroína. A mudança brusca de cor de verde azulado para castanho avermelhado indica o ponto final ou a conclusão da titulação. Após um pequeno intervalo de tempo, a cor azul-verde pode reaparecer. Utilizar a mesma quantidade de indicador de ferroína para todas as titulações.

- Refluxar o branco da mesma forma, utilizando água destilada em vez da amostra.

3.4. 5Sólidos Totais   Dissolvidos

O termo sólidos totais dissolvidos significa os materiais que estão totalmente dissolvidos na água. Estes sólidos são filtráveis por natureza. O resíduo filtrável é o material que passa através de um disco de filtro de vidro normalizado e que permanece após evaporação e secagem a 180° C é o total de sólidos dissolvidos. O termo "sólidos suspensos totais" designa os materiais que não estão dissolvidos na água e que não são filtráveis por natureza. É definido como o resíduo após a evaporação de uma amostra não filtrável num papel de filtro.

Método de ensaio

3.4.5.1Aparelho   necessário

1. prato de evaporação

2. banho de água

3. Forno

4. dessecadores

5. B alanço analítico

6. cilindros graduados

7. pinças para pratos

8. cadinhos Gooch

9. Filtro

10. bombas de vácuo

11. pinças de cadinho

12. pinças, ponta lisa

3.4.5. 2PROCEDIMENTO

-   Para medir o total de sólidos dissolvidos, lavar um prato de porcelana limpo e secá-lo num forno de ar quente a 180 graus Celsius durante uma hora.

-   Pesar agora o prato de evaporação vazio numa balança analítica.

-   Misturar bem a amostra e verter para um funil com papel de filtro.

-   Utilizar agora a pipeta e transferir 75mL de amostra não filtrada para a cápsula de porcelana.

-   Ligar o forno e deixar atingir 105° C. Agora, verifique e regule frequentemente as temperaturas do forno e do forno para manter a gama de temperaturas desejada.

-   Colocar na estufa de ar quente, tendo o cuidado de evitar salpicos da amostra durante a evaporação.

-   Secar a amostra para obter uma massa constante. A secagem de longa duração, normalmente de 1 a 2 horas, é efectuada para eliminar a necessidade de verificar se a massa é constante.

-   Arrefecer o recipiente num exsicador.

-   Deve-se pesar a placa logo que arrefeça para evitar a absorção de humidade devido à sua natureza higroscópica. As amostras devem ser medidas com exatidão, pesadas cuidadosamente, secas e arrefecidas completamente.

-   Observar o peso com resíduos.

Método que utilizámos para avaliar os sólidos totais dissolvidos da amostra:

3.4.5.   3Procedimento de calibração

-   Ligar a sonda ao medidor. Certificar-se de que a porca de bloqueio do cabo está bem ligada ao medidor. Ligar o medidor.

•   Prima Calibrar. O visor apresenta a solução padrão de condutividade necessária para a calibração.

-   Adicionar uma solução padrão de condutividade fresca a um copo ou a um recipiente adequado.

-   Enxaguar a sonda com água desionizada. Secar com um pano que não largue pêlos.

-   Colocar a sonda na solução padrão e agitar suavemente. Certificar-se de que o sensor de temperatura está completamente submerso.

-   Empurrar Ler. Agitar suavemente. O visor apresentará "Stabilizing" (Estabilização) e uma barra de progresso à medida que a sonda estabiliza no padrão. O visor apresenta o valor da solução padrão que acabou de ser lido e apresenta o valor corrigido pela temperatura quando a leitura estiver estável.

-   Prima "Done" (Concluído) para ver o resumo da calibração.

-   Prima Store para aceitar a calibração e regressar ao modo de medição. Se for uma sonda robusta, instale o invólucro na sonda.

3.4.5.4 Medição

-   Ligar a sonda ao medidor. Certificar-se de que a porca de bloqueio do cabo está bem ligada ao medidor. Ligar o medidor.

-   Enxaguar a sonda com água desionizada. Secar com um pano que não largue pêlos.

-   Colocar a sonda na amostra de modo a que o sensor de temperatura fique completamente submerso. Não colocar a sonda no fundo ou nos lados do recipiente.

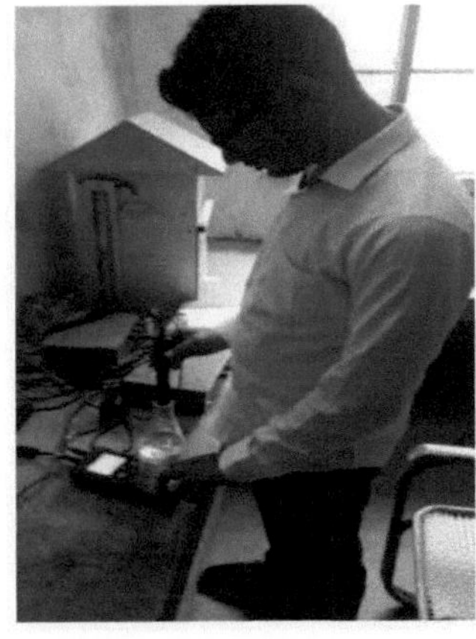

(a) Testing for TDS

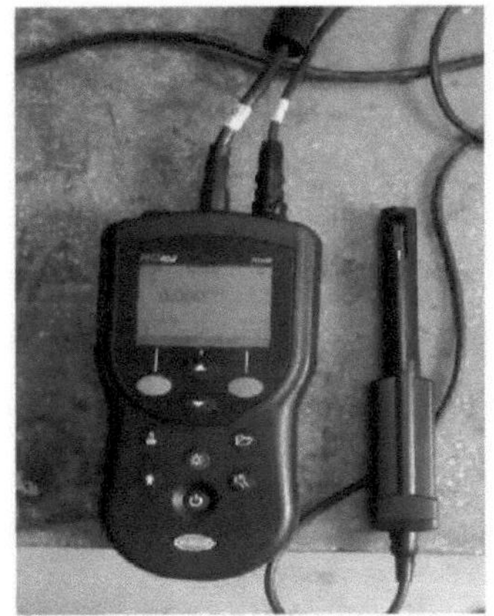

(b) TDS electrode and multimeter

Fig.3.13 Durante a medição de TDS

- Prima Ler. O ecrã apresentará "Stabilizing" (Estabilizar) e uma barra de progresso à medida que a sonda estabiliza na amostra. O visor apresentará o ícone de bloqueio quando a leitura estabilizar. A medição é automaticamente corrigida para a temperatura de referência selecionada (20 ou 25° C).
- Repita os passos 2-4 para medições adicionais. Quando as medições estiverem concluídas, guardar a sonda.

3.4.6 Temperatura

A temperatura tem um efeito direto sobre a atividade biológica dos organismos presentes nas águas residuais, e também tem efeito sobre a solubilidade dos gases presentes nas águas residuais. A temperatura também afecta a viscosidade das águas residuais, o que afecta o processo de sedimentação no seu tratamento. A temperatura normal das águas residuais é normalmente mais elevada do que a temperatura da água; isto deve-se ao calor adicional adicionado devido à utilização da água. A temperatura média das águas residuais é de 20° C.

CAPÍTULO 4

RESULTADOS E DISCUSSÃO

Neste capítulo, foram discutidos os resultados de vários parâmetros das amostras recolhidas e também foram apresentados resultados e comparações sob a forma de tabelas e gráficos. A Tabela 4.1 e a Tabela 4.2 mostram os limites de tolerância da descarga de águas residuais em águas de superfície interiores para efluentes de esgotos e efluentes industriais, respetivamente.

4.1 Normas indianas para a descarga de efluentes

Quadro 4.1

LIMITES DE TOLERÂNCIA PARA EFLUENTES DE ESGOTOS LANÇADOS
EM ÁGUAS SUPERFICIAIS INTERIORES (IS: 4764-1973)

S. No.	Characteristics	Tolerance limits
1.	Total suspended solids	Max. 30 mg /l
2.	BOD (5 day at 20°C)	Max. 20mg/l

Quadro 4.2

LIMITES DE TOLERÂNCIA PARA EFLUENTES INDUSTRIAIS
DESCARREGADOS EM ÁGUAS INTERIORES DE SUPERFÍCIE (IS: 2490-1981)

S. No.	Characteristics	Tolerance limit
1.	Total suspended solids	Max. 100 mg/l
2.	pH	5.5 to 9.0
3.	Temperature	Temperature of wastewater should not exceed 40° C in any section of the river within 15 meters downstream from the

		effluent outlet
4.	BOD (5 day at 20 °C)	Max. 30mg/l
5.	Oil and grease	Max. 10mg/l
6.	Sulphides (as S)	Max. 2.0 mg/l
7.	Total residual chlorine	1.0 mg/l
8.	COD	Max. 250 mg/l

4.2 Parâmetros físico-químicos das águas residuais

Os parâmetros físico-químicos das amostras de águas residuais do mês de junho de 2017 são apresentados nos quadros e gráficos seguintes:

4.2. 1pH

Quadro 4.3

Resultados experimentais para o pH de amostras de águas residuais

SAMPLES/ PARAMETERS	S-1	S-2	S-3	S-4	S-5	S-6	S-7
pH	8	7.6	7.7	7.2	7.9	8.1	7.8

SAMPLES/ PARAMETERS	S-8	S-9	S-10	S-11	S-12	S-13	S-14	S-15
pH	7.5	7.1	6.5	8.2	7.5	7.6	7.58	7.5

- Representação gráfica do pH

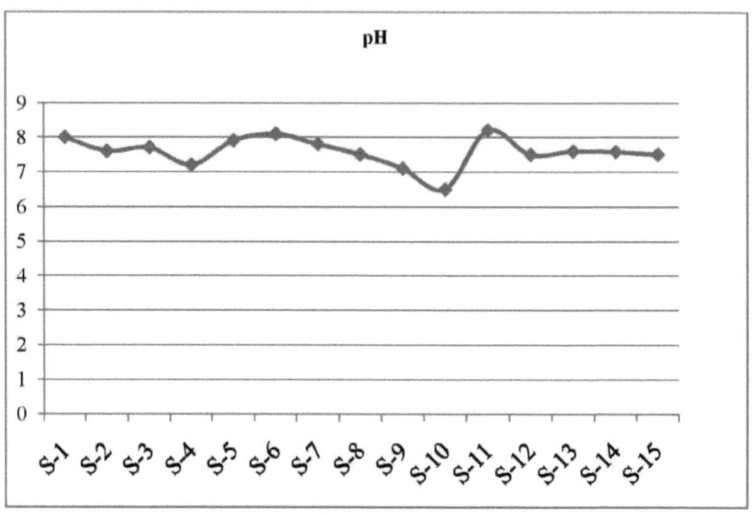

Gráfico 4.1 Valores de pH para amostras de águas residuais

4.2. 2Temperatura

Quadro 4.4

RESULTADOS EXPERIMENTAIS PARA A TEMPERATURA DE
AMOSTRAS DE ÁGUAS RESIDUAIS

SAMPLES/ PARAMETERS	S-1	S-2	S-3	S-4	S-5	S-6	S-7
TEMPERATURE	28.7	30.1	22.1	28.4	30.4	26.5	30.2

SAMPLES/ PARAMETERS	S-8	S-9	S-10	S-11	S-12	S-13	S-14	S-15
TEMPERATURE	31.4	22.6	29.7	25.7	30.2	29.1	25	27

- **Representação gráfica da temperatura**

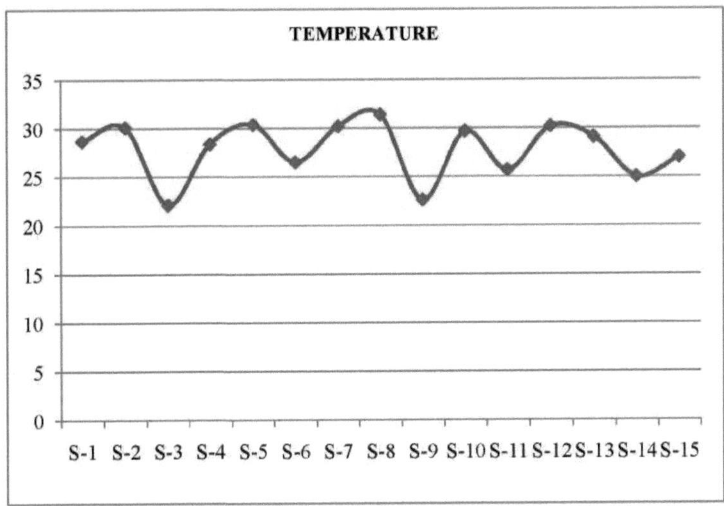

Gráfico 4.2 Valores de temperatura para amostras de águas residuais

4.2. 3Do oxigénio dissolvido

Quadro 4.5

RESULTADOS EXPERIMENTAIS PARA A D.O. DE AMOSTRAS DE ÁGUAS RESIDUAIS

SAMPLES/ PARAMETERS	S-1	S-2	S-3	S-4	S-5	S-6	S-7
DISSOLVED OXYGEN (mg/l)	4.5	6.8	0.26	3.97	4.5	6.9	0.17

SAMPLES/ PARAMETERS	S-8	S-9	S-10	S-11	S-12	S-13	S-14	S-15
DISSOLVED OXYGEN (mg/l)	0.25	4.12	3.8	3.4	4.76	3.8	3.4	3.9

- Representação gráfica do oxigénio dissolvido

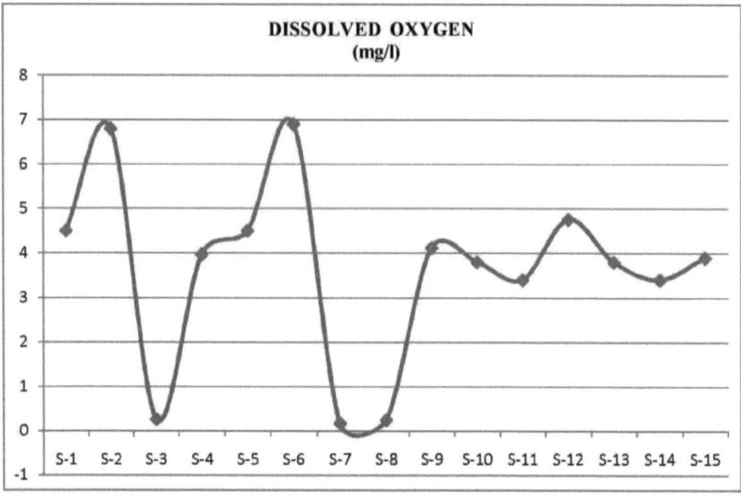

Gráfico 4.3 Valores de oxigénio dissolvido para amostras de águas residuais

4.2.4 Demanda Bioquímica de Oxigénio

Quadro 4.6

RESULTADOS EXPERIMENTAIS PARA A B.O.D. DE
AMOSTRAS DE ÁGUAS RESIDUAIS

SAMPLES/ PARAMETERS	S-1	S-2	S-3	S-4	S-5	S-6	S-7
BOD(mg/l)	200	20	476	248	204	13	315

SAMPLES/ PARAMETERS	S-8	S-9	S-10	S-11	S-12	S-13	S-14	S-15
BOD(mg/l)	305	250	97	78	19	70	110	92

- Representação gráfica da carência bioquímica de oxigénio

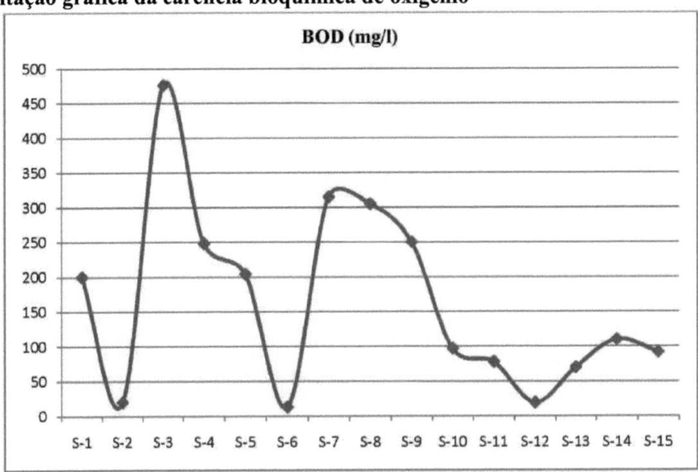

Gráfico 4.4 Valores de CBO para amostras de águas residuais

4.2.5. Carência química de oxigénio

Quadro 4.7

RESULTADOS EXPERIMENTAIS PARA A C.O.D. DE ÁGUAS RESIDUAIS
AMOSTRAS

SAMPLES/ PARAMETERS	S-1	S-2	S-3	S-4	S-5	S-6	S-7
COD	538	54.4	1256.64	786.16	498.8	21.71	904.5

SAMPLES/ PARAMETERS	S-8	S-9	S-10	S-11	S-12	S-13	S-14	S-15
COD	789.95	655	223.1	191.1	41.8	175	290	220

- Representação gráfica da carência química de oxigénio

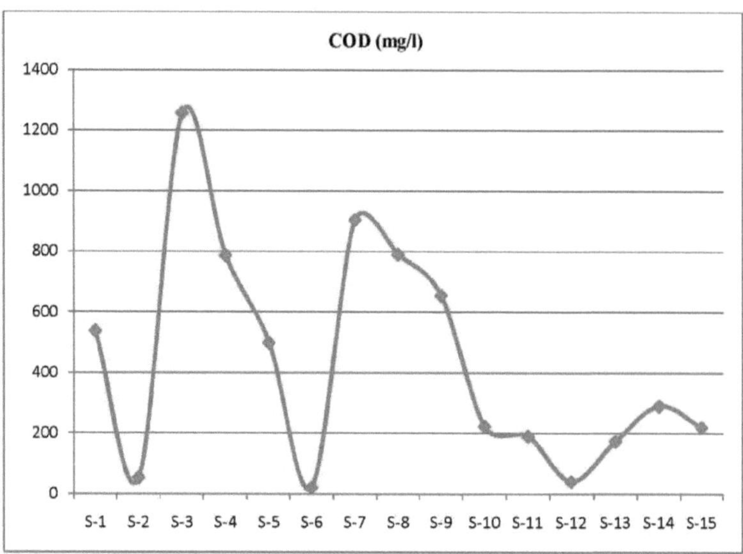

Gráfico 4.5 Valores de CQO para amostras de águas residuais

4.2.6 Sólidos totais dissolvidos

Quadro 4.8

RESULTADOS EXPERIMENTAIS PARA TDS DE AMOSTRAS DE ÁGUAS RESIDUAIS

SAMPLES/ PARAMETERS	S-1	S-2	S-3	S-4	S-5	S-6	S-7
TDS (mg/l)	1100	300	1610	1200	1164	250	1420

SAMPLES/ PARAMETERS	S-8	S-9	S-10	S-11	S-12	S-13	S-14	S-15
TDS (mg/l)	1511	1320	817	704	249	609	928	1050

- Representação gráfica dos sólidos totais dissolvidos

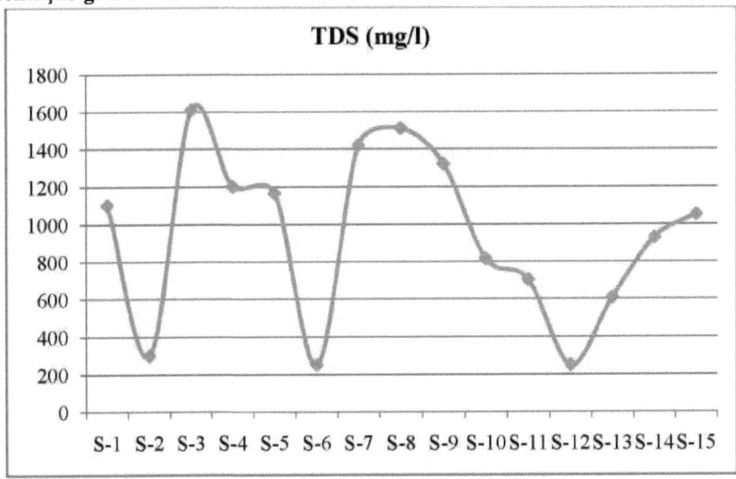

Gráfico 4.6 Valores de TDS para amostras de águas residuais

Os parâmetros físico-químicos das amostras de águas residuais do mês de junho de 2017 são apresentados nas tabelas e gráficos seguintes:

4.2.7 pH

Quadro 4.9
RESULTADOS EXPERIMENTAIS PARA PH DE AMOSTRAS DE ÁGUAS RESIDUAIS

SAMPLES/ PARAMETERS	S-1	S-2	S-3	S-4	S-5	S-6	S-7
pH	7.9	7.4	7.9	7.1	8.2	7.5	7.3

SAMPLES/ PARAMETERS	S-8	S-9	S-10	S-11	S-12	S-13	S-14	S-15
pH	6.7	8.3	6.9	8	7.3	7.8	7.4	7.9

- Representação gráfica do pH

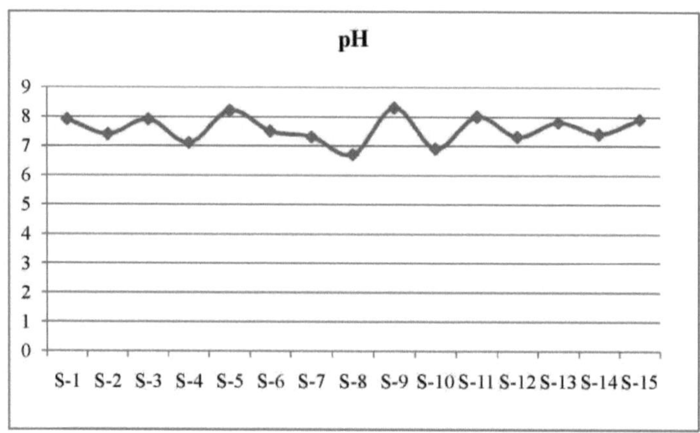

Gráfico 4.7 Valores de pH para amostras de águas residuais

4.2.8 Oxigénio dissolvido

Quadro 4.10

RESULTADOS EXPERIMENTAIS PARA A D.O. DE
AMOSTRAS DE ÁGUAS RESIDUAIS

SAMPLES/ PARAMETERS	S-1	S-2	S-3	S-4	S-5	S-6	S-7
DISSOLVED OXYGEN (mg/l)	2.97	5.51	0.31	0.21	2.37	6.7	1.8

SAMPLES/ PARAMETERS	S-8	S-9	S-10	S-11	S-12	S-13	S-14	S-15
DISSOLVE OXYGEN (mg/l)	2.17	2.9	3.7	3.42	6.2	3.7	3.1	2.97

- **Representação gráfica do oxigénio dissolvido**

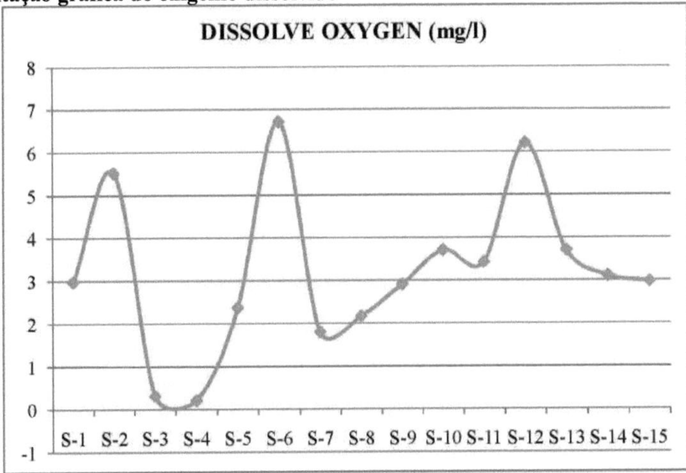

Gráfico 4.8 Valores de DO para amostras de águas residuais

4.2.9 Temperatura

Quadro 4.11

RESULTADOS EXPERIMENTAIS PARA A TEMPERATURA DE
AMOSTRAS DE ÁGUAS RESIDUAIS

SAMPLES/ PARAMETERS	S-1	S-2	S-3	S-4	S-5	S-6	S-7
TEMPERATURE	22.4	26.3	30.1	30.4	32.5	30.7	27.4

SAMPLES/ PARAMETERS	S-8	S-9	S-10	S-11	S-12	S-13	S-14	S-15
TEMPERATURE	28.2	22.4	30.9	31.4	30.8	32.2	30.7	31.1

- Representação gráfica da temperatura

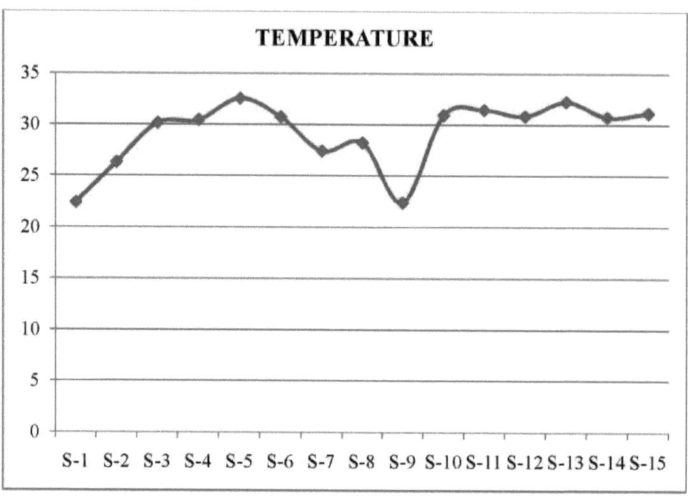

Gráfico 4.9 Valores de temperatura para amostras de águas residuais

4.2.10 Carência bioquímica de oxigénio

Quadro 4.12

RESULTADOS EXPERIMENTAIS PARA
AMOSTRAS DE ÁGUAS RESIDUAIS

SAMPLES/ PARAMETERS	S-1	S-2	S-3	S-4	S-5	S-6	S-7
BOD (mg/l)	314	25	502	319	328	28	412

SAMPLES/ PARAMETERS	S-8	S-9	S-10	S-11	S-12	S-13	S-14	S-15
BOD (mg/l)	325	110	150	146	27	80	105	110

- **Representação gráfica da carência bioquímica de oxigénio**

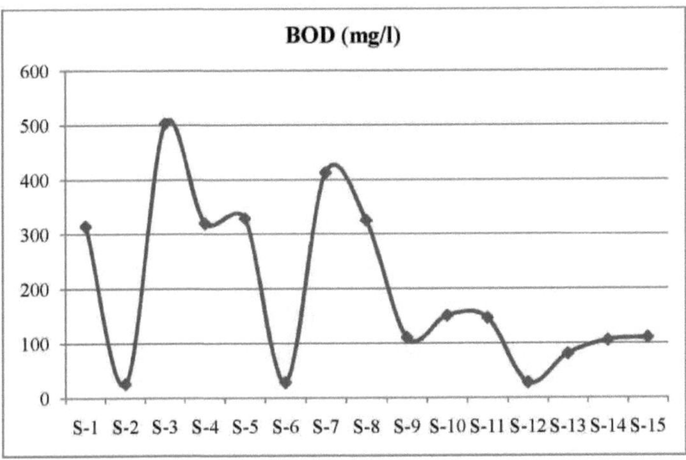

Gráfico 4.10 Valores de CBO para amostras de águas residuais

4.2.11 Carência química de oxigénio

Quadro 4.13

RESULTADOS EXPERIMENTAIS PARA A CODIFICAÇÃO DE
AMOSTRAS DE ÁGUAS RESIDUAIS

SAMPLES/ PARAMETERS	S-1	S-2	S-3	S-4	S-5	S-6	S-7
COD (mg/l)	813.26	59	1340.34	749.65	1049.6	63	1054.7

SAMPLES/ PARAMETERS	S-8	S-9	S-10	S-11	S-12	S-13	S-14	S-15
COD (mg/l)	763.75	262.9	363	421.94	65	191.2	327.6	285

- Representação gráfica da carência química de oxigénio

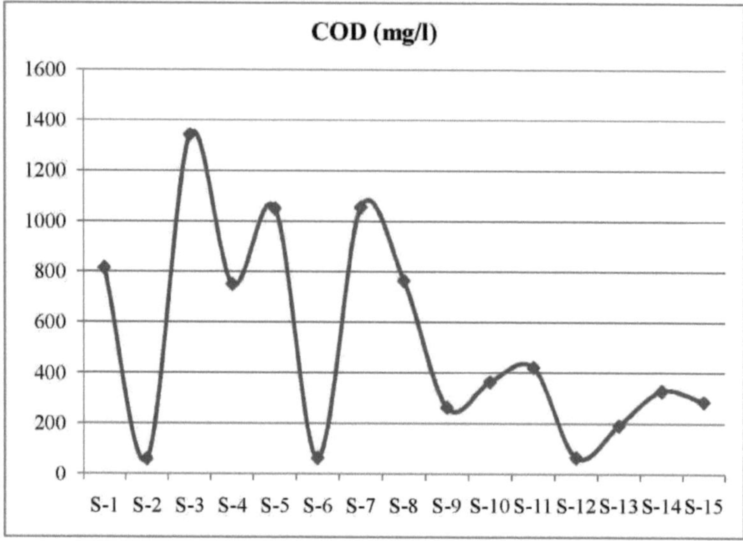

Gráfico 4.11 Valores de CQO para amostras de águas residuais

4.2.   12Sólidos totais   dissolvidos

Quadro 4.14

RESULTADOS EXPERIMENTAIS PARA TDS DE AMOSTRAS DE ÁGUAS RESIDUAIS

SAMPLES/ PARAMETERS	S-1	S-2	S-3	S-4	S-5	S-6	S-7
TDS (mg/l)	1500	300	1715	1500	1610	312	1690

SAMPLES/ PARAMETERS	S-8	S-9	S-10	S-11	S-12	S-13	S-14	S-15
TDS (mg/l)	1611	590	612	530	328	523	711	810

- Representação gráfica dos sólidos totais dissolvidos

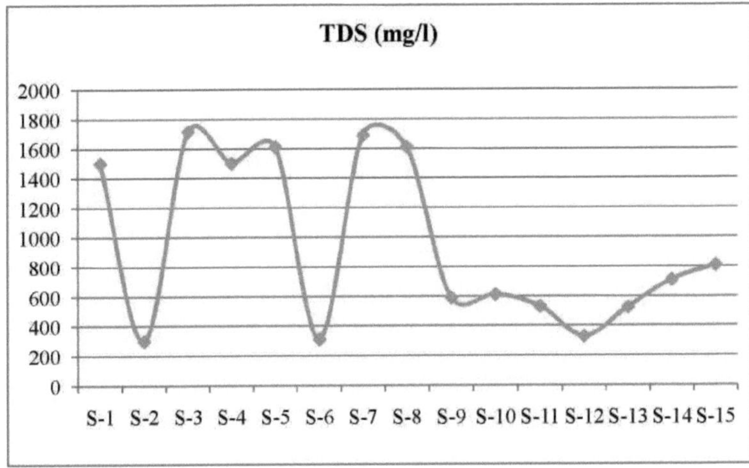

Gráfico 4.12 Valores de TDS para amostras de águas residuais

Os parâmetros físico-químicos das amostras de águas residuais do mês de agosto de 2017 são apresentados nos quadros e gráficos seguintes:

4.2.   13pH

Quadro 4.15

resultados experimentais para o pH das amostras de águas residuais

SAMPLES/ PARAMETERS	S-1	S-2	S-3	S-4	S-5	S-6	S-7
pH	7.7	6.2	7.88	7.4	8.05	7.95	7.6

SAMPLES/ PARAMETERS	S-8	S-9	S-10	S-11	S-12	S-13	S-14	S-15
pH	7.4	7.82	7.77	7.96	8.61	7.54	7.9	7.5

- **Representação gráfica do pH**

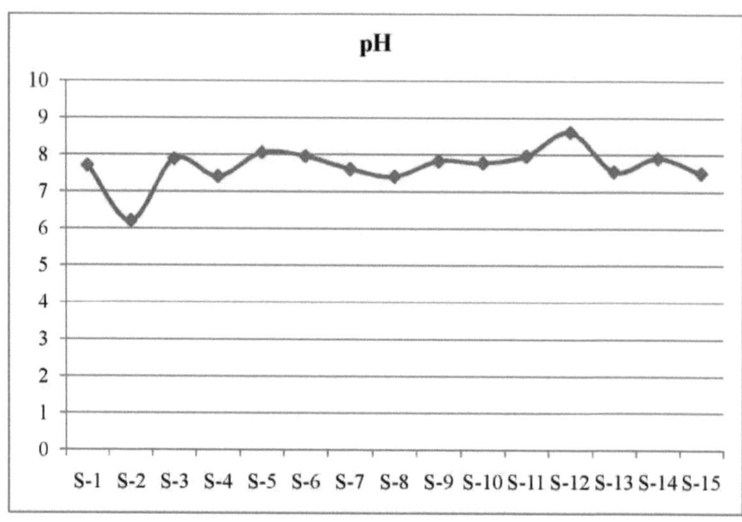

Gráfico 4.13 Valores de pH para amostras de águas residuais

4.2.   14Temperatura

Quadro 4.16

RESULTADOS EXPERIMENTAIS PARA A TEMPERATURA DE
AMOSTRAS DE ÁGUAS RESIDUAIS

SAMPLES/ PARAMETERS	S-1	S-2	S-3	S-4	S-5	S-6	S-7
TEMPERATURE	25.5	20.6	25	30	31.1	31	26

SAMPLES/ PARAMETERS	S-8	S-9	S-10	S-11	S-12	S-13	S-14	S-15
TEMPERATURE	27.4	20.97	31.64	30	31.6	31.4	30.8	30.4

- Representação gráfica da temperatura

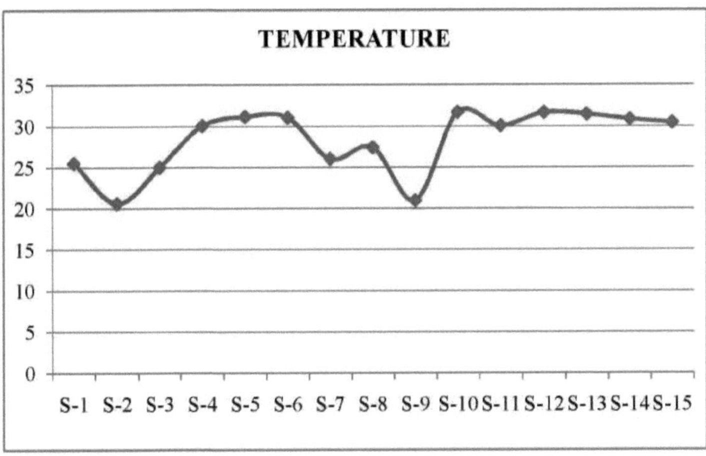

Gráfico 4.14 Valores de temperatura para amostras de águas residuais

4.2.15 Oxigénio dissolvido

Quadro 4.17

**RESULTADOS EXPERIMENTAIS PARA A D.O. DE
AMOSTRAS DE ÁGUAS RESIDUAIS**

SAMPLES/ PARAMETERS	S-1	S-2	S-3	S-4	S-5	S-6	S-7
DISSOLVED OXYGEN (mg/l)	4.01	5.46	0.82	0.54	3.52	5.38	0.41

SAMPLES/ PARAMETERS	S-8	S-9	S-10	S-11	S-12	S-13	S-14	S-15
DISSOLVE OXYGEN (mg/l)	0.95	1.27	2.64	3.1	4.82	3.85	4.3	2.7

- Representação gráfica do oxigénio dissolvido

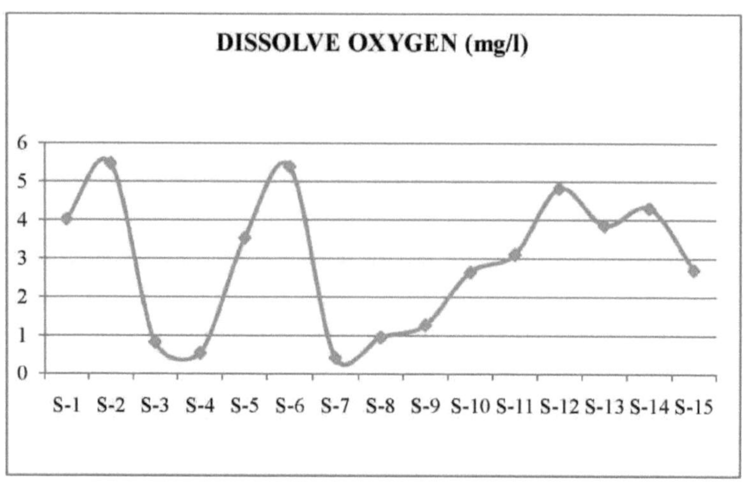

Gráfico 4.15 Valores de DO para amostras de águas residuais

4.2.16 Carência bioquímica de oxigénio

Quadro 4.18

RESULTADOS EXPERIMENTAIS PARA A B.O.D. DE
AMOSTRAS DE ÁGUAS RESIDUAIS

SAMPLES/ PARAMETERS	S-1	S-2	S-3	S-4	S-5	S-6	S-7
BOD (mg/l)	249	30	522	348	235	19	496

SAMPLES/ PARAMETERS	S-8	S-9	S-10	S-11	S-12	S-13	S-14	S-15
BOD (mg/l)	348	223	144	128	38	98	60	52

Representação gráfica da carência bioquímica de oxigénio

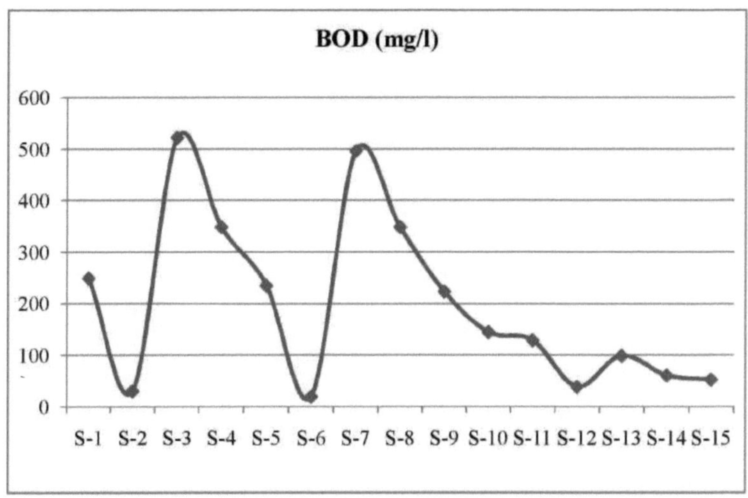

Gráfico 4.16 Valores de CBO para amostras de águas residuais

4.2.17 Demanda química   de oxigénio

Quadro 4.19

RESULTADOS EXPERIMENTAIS PARA A CODIFICAÇÃO DE
AMOSTRAS DE ÁGUAS RESIDUAIS

SAMPLES/ PARAMETERS	S-1	S-2	S-3	S-4	S-5	S-6	S-7
COD (mg/l)	607	109.2	301	1010	810	55.48	1310

SAMPLES/ PARAMETERS	S-8	S-9	S-10	S-11	S-12	S-13	S-14	S-15
COD (mg/l)	1085	702	377	270	85	190	110	156

- Representação gráfica da carência química de oxigénio

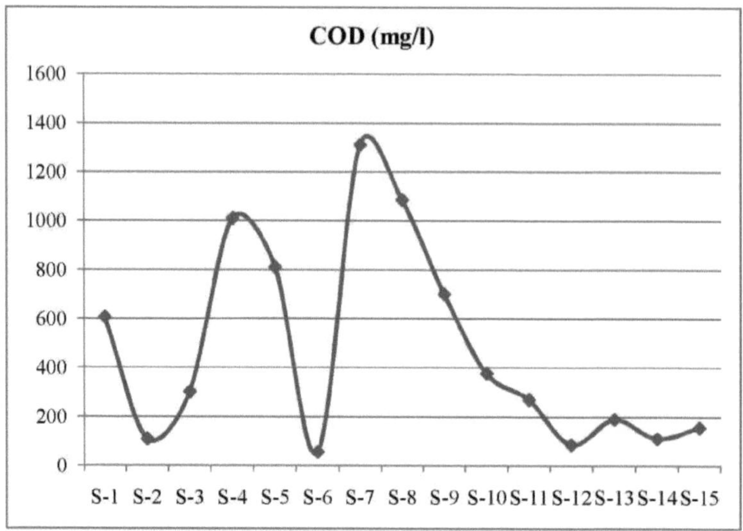

Gráfico 4.17 Valores de CQO para amostras de águas residuais

4.2.18 Sólidos totais dissolvidos

Quadro 4.20

RESULTADOS EXPERIMENTAIS PARA TDS DE AMOSTRAS DE ÁGUAS RESIDUAIS

SAMPLES/ PARAMETERS	S-1	S-2	S-3	S-4	S-5	S-6	S-7
TDS (mg/l)	930	360	1110	670	1300	300	1210

SAMPLES/ PARAMETERS	S-8	S-9	S-10	S-11	S-12	S-13	S-14	S-15
TDS (mg/l)	1500	1070	1720	703	400	1050	886	938

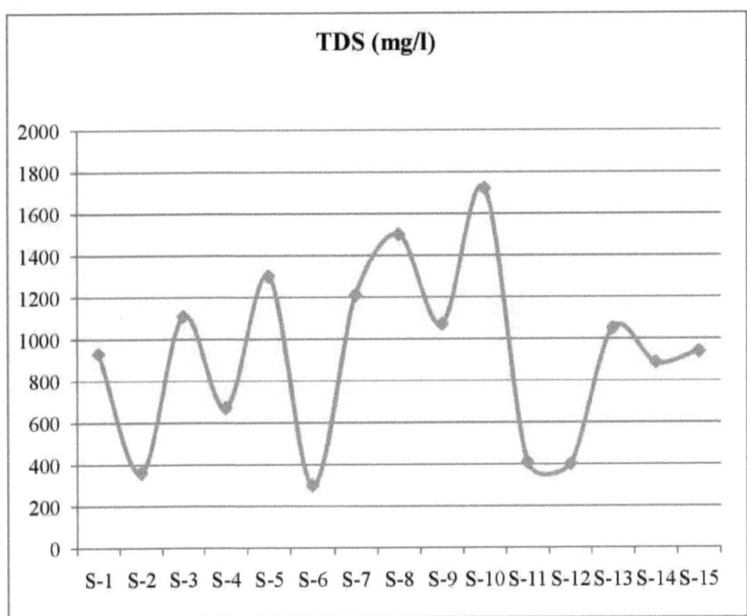

Gráfico 4.18 Valores de TDS para amostras de águas residuais

4.3Resultados dos parâmetros bacteriológicos

As amostras de águas residuais foram testadas quanto aos parâmetros microbiológicos que são os coliformes totais e os coliformes fecais no nosso laboratório microbiológico. Verificou-se que todas as amostras tinham estes coliformes em alguma quantidade e, por isso, foram declaradas positivas pelo laboratório em causa. Assim, é muito alarmante que a água do rio esteja a ficar poluída através da descarga de águas residuais de esgotos abertos e, uma vez que a água do rio é a principal fonte de água potável para a cidade de Kota, é ainda mais crítico que os agentes patogénicos prejudiciais entrem na água potável. Isto cria uma carga desnecessária nas estações de tratamento de água da cidade de Kota para remover estes agentes patogénicos da água.

4. 4Discussão

Todos os gráficos acima mostram os valores de pH, temperatura, oxigénio dissolvido, CBO, CQO e sólidos totais dissolvidos de vários esgotos abertos e do rio Chambal. O pH de todas as amostras está dentro dos limites das normas IS (o pH deve estar entre 5,5 e 9,0) e não há muita necessidade de controlar o pH das águas residuais antes de as descarregar no rio.

A temperatura das águas residuais não deve exceder 40° C em qualquer secção do rio num raio de 15 metros a jusante da saída do efluente. Os nossos resultados relativos à temperatura de todas as amostras estão dentro dos limites. O DO, a CBO e a CQO de todas as amostras recolhidas estão para além dos limites. O DO mais baixo foi encontrado na drenagem perto do círculo Dadabari, na drenagem perto de Jawahar Nagar, na drenagem perto da escola St. Nestes locais, a CBO e a CQO mais elevadas também foram registadas. O TDS de todas as amostras foi também encontrado para além dos limites estabelecidos pelas normas IS. Por conseguinte, sugere-se que seja efectuado um tratamento adequado das águas residuais antes de permitir que estas entrem no rio Chambal através de esgotos abertos. Além disso, é desejável que se construam estações de tratamento de águas residuais com capacidade suficiente e que não se permita que nenhum esgoto a céu aberto descarregue as suas águas residuais diretamente no rio Chambal.

CAPÍTULO 5

CONCLUSÕES

Este estudo mostra que a cidade de Kota não dispõe de um sistema adequado de tratamento e drenagem das águas residuais, o que faz com que as águas residuais domésticas, industriais, etc., cheguem à linha de vida da cidade, o rio Chambal. Há uma grande necessidade de ligar as linhas de esgotos em toda a cidade para que as águas residuais possam ser facilmente transportadas para a estação de tratamento de águas residuais (ETAR) para tratamento antes de serem despejadas no rio.

Este estudo também destaca o facto de que os parâmetros, nomeadamente, CBO, CQO e TDS de todas as amostras de vários locais são alarmantemente mais elevados do que os limites prescritos pela IS 4764:1973 e IS 2490:1981. Estes valores superiores aos respectivos limites podem causar danos graves às plantas e animais aquáticos.

A cidade produz cerca de 312 MLD de águas residuais, dos quais apenas 50 MLD são tratados diariamente através de duas estações de tratamento de águas residuais que funcionam na cidade. Os restantes 262 MLD são despejados diretamente no rio Chambal através de esgotos a céu aberto. Por conseguinte, há uma necessidade urgente de algumas novas ETAR na cidade.

É igualmente necessária a participação do público e dos meios de comunicação social na sensibilização para esta questão, que poderia também ser incluída em iniciativas governamentais como a Missão Swachh Bharat.

O trabalho pode ser alargado através da recolha de um maior número de amostras em mais alguns locais. A recolha destas amostras numa base mensal e a observação dos parâmetros acima referidos ao longo de todo o ano poderiam dar uma imagem mais clara da extensão da carga poluente no rio Chambal devido a todos estes esgotos a céu aberto.

REFERÊNCIAS

1. D.N. Saksena, R.K. Garg e R.J. Rao "Water quality and pollution status of Chambal river in National Chambal sanctuary", Madhya Pradesh, Journal of Environmental Biology, setembro de 2008, 29(5) 701-710 (2008).

2. Rashmi Patel, Rajesh Pandey e Sunil K. Pandey "Seasonal PhysicoChemical Analysis of Drain Water Discharge in Mandakini River of Chitrakoot, India", international journal of green herbal and chemistry,2015.

3. Nitin Gupta, S.M. Nafees, M.K. Jain e S. Kalpana "PhysicoChemical Assessment Of Water Quality Of River Chambal On Kota City Area Of Rajasthan State(India)", Vol.4, No.2,686-692(2011).

4. Shirin & Yadav, "Análise Físico-Química da Descarga de Águas Residuais Municipais no Rio Ganga, Haridwar Curr. World Environment.", Vol. 9(2), 536-543 (2014)

5. Arvind Kumar Rai , Biswajit Paul, Nawal Kishor "A study on the sewage disposal on water quality of Harmu River in Ranchi city Jharkhand, India" International Journal of Plant, Animal and Environmental Sciences (2012)

6. Vijay Kumar, Satya Prakash Maurya, Sayed Hadi Hasan e Anurag Ohri "Estudo baseado em GIS das propriedades físico-químicas da água do rio Ganges durante a estação pós-monção para a cidade de Varanasi, UP, Índia". Revista Internacional de Pesquisa em Ciências Ambientais (2016).

7. Dr. K.M. Sharma, Pooja Nama, Mridual Jain e Rajat Srivastav "Técnicas de tratamento de águas residuais com especial referência a Kota" Revista internacional de investigação científica (2015).

8. Mughda Agrahari e Veena B. Kushwaha, "Effect of domestic sewage on the physico-chemical quality of river Rapti at Gorakhpur" (Efeito das águas residuais domésticas na qualidade físico-química do rio Rapti em Gorakhpur). An international quarterly Journal of life science. (2012).

9. Jeroen H. J. Ensink, Christopher A. Scott, Simon Brooker & Sandy Cairncross "Sewage disposal in the Musi-River, India: water quality remediation through irrigation infrastructure" Springer Science + Business Media B.V.(2009).

10. N. Narang and L.L. Sharma "impact of sewage discharge on water quality and benthic diversity of Kota barrage, Kota, Rajasthan, India" Journal of industrial pollution control (2014).

11. Kavita N. Choksi, Margi A. Sheth, Darshan Mehta, "To evaluate the performance of sewage treatment plant" (Avaliar o desempenho da estação de tratamento de águas residuais) International Research Journal of Engineering and Technology (Nov. 2015).

12. Yashoda Saini, Shipra Sharma, Preeti Srivastava, Rajesh Yadav, Shalini Rawat "Wastewater treatment and its Eco- Friendly Use - A Case study Pinjarpole Gaushala, Nawalgarh, Rajasthan" SSRG International Journal of Civil Engineering (SSRG-IJCE) - volume 3 Issue 5 - May 2016.

13. Kunwar P.Singh, Dinesh Mohan, Sarita Sinha, R. Dalwani "Impact assessment of treated/untreated wastewater toxicants discharge by sewage treatment plants on health, agricultural, and environmental quality in the wastewater disposal area" Chemosphere 55 (2004) 227255.

14. Samita Jain, "Assessment of water quality at the three Stations of Chambal River" (Avaliação da qualidade da água nas três estações do rio Chambal), revista internacional de ciências ambientais, volume 3, n.º 2, 2012.

15. Leena Muralidharan, Archana Oza, Ashish Singh , "Study on physico- chemica analysis of heavily polluted Shivaji talao and its impact on Aquatic Bodies" World Journal of Clinical Pharmacology, Microbiology and Toxicology,Sept. 2015.

16. Lakhanpal S. Kendre e Sagar M. Gawande, "Metodologia para a análise das caraterísticas físico-químicas do rio Pavana" Revista Internacional de Ciência e Investigação (2017).

17. Shivayogimath C.B, Kalburgi P.B, Deshannavar U.B e Virupakshaiah D.B.M "Water Quality Evaluation of River Ghataprabha, India" International Research Journal of Environment Sciences (2012).

18. Rout Chadetrik, Lavaniya Arun e Divakar Ravi Prakash "Assessment of Physico-chemical Parameters of River Yamuna at Agra Region of Uttar Pradesh, India" International Research Journal of Environment Sciences (2015).

19. Sunil K. Pandey "Evaluation of Water Quality Index of River Bicchiya" Journal of Environmental Science" (2014).

20. Mukesh katakwar "Water quality and pollution status of Narmada River's Korni Tributary in Madhya Pradesh" International Journal of Chemical Studies (2014).

21. guelph.ca/wp-content/uploads/IntroductionToW astewater.pdf

22. Manual de gestão de águas residuais.

23. www.kotacity.in/city-guide/about Kota

24. http s://en. wikipedia. org/wiki/Kota, Rajasthan

25. https://en.wikipedia.org/wiki/Chambal Rio

26. SA Hussain - Aquatic Conservation: Marinha e de Água Doce, 2009

27. http://efc.syr.edu/wpcontent/uploads/2015/03/Chapter1-web.pdf.

28. www.nitttrc.ac.in/fourquadrant/eel/quadrant- 1/exp13 pdf.pdf.

29. www.nitttrc.ac.in/four quadrante/enguia/quadrante - 1/exp15 pdf.pdf

30. Manual do Guia: Manual de Águas e Águas Residuais

31. Manual on Water Supply and Treatment, CPHEEO, Ministério do Desenvolvimento Urbano, Nova Deli 1999.

32. Manual on Sewerage and Sewage Treatment, CPHEEO, Ministério do Desenvolvimento Urbano, Nova Deli 2012.

ANEXO

Recortes de jornais diários que mostram os efeitos negativos dos esgotos a céu aberto no rio Chambal, na cidade de Kota, durante o ano de 2017-18

यूआईटी अधिकारी नाप रहे हैं नालों से होने वाले प्रदूषण को

चंबल में गिर रहे नालों को लेकर हुई सख्ती

सिटी रिपोर्टर | कोटा

शहर में चंबल को गंदा रहे नालों को रोकने के लिए एनजीटी व चीफ सेक्रेटरी के आदेश ने यूआईटी अधिकारियों की नींद उड़ा दी है। वे दो दिन से शहर के नालों से गिरने वाले पानी व उससे होने वाले प्रदूषण को नाप रहे हैं। इसकी रिपोर्ट बनाकर चीफ सेक्रेटरी को भेजी जाएगी, जो एनजीटी में पेश करेंगे।

चंबल नदी को गंदा करने में एनजीटी ने चार शहरों को जिम्मेदार माना है। इसमें केशवरायपाटन, भीलपुर रावतभाटा व कोटा शामिल है। कोटा में इन नालों से होने वाले पोल्यूशन व पानी की मात्रा को नापने, इसका समाधान करने तथा रिपोर्ट तैयार करनी की जिम्मेदारी यूआईटी को दी गई है, जबकि तीन शहरों के लिए चीफ इंजीनियर भूपेन्द्र माथुर को यह जिम्मेदारी दी

गई। यूआईटी ने एडीशनल चीफ एस के सिंघल के नेतृत्व में अनिल गालव, नवीन सिंघल, ओपी दुबे, राजेन्द्र राठौड़, जगतसिंह, अरोड़ा, सुनील शर्मा, अनिल शर्मा की अलग-अलग टीम बनाकर नालों की जांच करने की जिम्मेदारी दे दी। यह सभी दो दिन से चंबल में गिरने वाले नालों की जांच कर रहे हैं। इसमें 22 नालों को चंबल में गिरने वाला माना गया है।

नालों से कितना गंदा पानी आ रहा है। इसकी जांच इंजीनियर्स कर रहे हैं, जबकि इससे होने वाले पोल्यूशन की मात्रा की जांच करने का काम पोल्यूशन विभाग को दिया गया है।

अधिकारियों ने बताया कि जांच के बाद एक सप्ताह में इसकी रिपोर्ट तैयार करनी है। इसे चीफ सेक्रेटरी को भेजा जाएगा। वे इस रिपोर्ट के साथ एनजीटी में उपस्थित होंगे।

प्रदूषण नियंत्रण विभाग ने माना-कोटा के 7 नालों से चंबल में जा रही है दोगुनी गंदगी

सिटी रिपोर्टर | कोटा

शहर के 27 में से 7 नालों को बहुत अधिक प्रदूषित माना गया है। जिससे चंबल प्रदूषित हो रही है। हालांकि सभी नालों के पानी की गंदगी के स्तर को शामिल कराया गया है, लेकिन साफ बात कहने तो ऐसे हैं जो बहुत अधिक प्रदूषण फैला रहे हैं। प्रदूषण नियंत्रण विभाग ने इसकी रिपोर्ट तैयार की है। जिसे 9 अक्टूबर को एनजीटी दिल्ली की पीठ मीडिया में रखा जाएगा। पानी की मात्रा की जांच यूआईटी करवा रही है। इसके लिए यूआईटी जयपुर की टीम से कोटा पहुंचा गया है। टीम ने अपनी जांच करके यूआईटी के अधिकारियों को बता दिया है। अधिकारी इस पर मंथन कर रहे हैं।

गंगा को प्रदूषण से बचाने के लिए पर्यावरणविद् वकील रामी मेहता ने सुप्रीम कोर्ट में रिट पीटीशन दायर की थी। बाद में यह एनजीटी दिल्ली को सिपर्द की गई। एनजीटी ने इसकी जांच मई पेन में करवाना शुरू कर दिया। जहां से प्रदूषण मुक्त करने के लिए कई फैसले लिए गए।

ये नाले मिले सबसे अधिक प्रदूषित

प्रदूषण नियंत्रण विभाग के क्षेत्रीय अधिकारी अनिल शर्मा ने बताया कि कोटा के 27 में से 7 नाले सबसे अधिक प्रदूषित माने जा रहे हैं। इनमें चित्रशाला, मुक्तिधाम, नयापुरा, नांदी सिविल लाइन, बघेर्रा रोड, पूर्व भवन शामिल हैं।

जस्टिस स्वतंत्रकुमार के पास जाएगी रिपोर्ट

अनिल शर्मा ने बताया कि यह रिपोर्ट चीफ सेक्रेटरी के माध्यम से जस्टिस स्वतंत्र कुमार के पास जाएगी।

चंबल के 40 नालों की हुई जांच

पहले चंबल में जयपुर से चीफ सेक्रेटरी की अध्यक्षता में बैठक हुई। जिसमें चंबल के नाले की जांच करने के आदेश दिए गए। इसमें नाले के पानी की क्वालिटी की जांच करने के लिए प्रदूषण नियंत्रण विभाग के अधिकारी को दिन की जिम्मेदारी यूआईटी को दी गई। यूआईटी के इंजीनियर भूपेन्द्र माथुर, ओपी दुबे व सुनील शर्मा को कोटा पहुंचकर नाले के पानी की जांच करवाई है।

चम्बल का ऐसा 'शुद्धीकरण'...

22 नहीं अब गंदा कर रहे 34 नाले

सीधे गिर रहा 334 एमएलडी सीवरेज

पत्रिका न्यूज़ नेटवर्क
rajasthanpatrika.com

कोटा . एनजीटी फटकार लगता रहा, यूआईटी-नगर निगम योजनाएं बनाते ही लेकिन, 7 साल बाद हिसाब लगाया तो चम्बल और गंदी हो गई। अब 34 नाले सीधे रोज 334 एमएलडी सीवरेज गिरा रहे। गत मई में 'पत्रिका' के मुद्दा उठाने के बाद एनजीटी की ओर से जमीनी सच जानने को गठित जांच कमेटी की हालिया रिपोर्ट में इसका खुलासा हुआ।

चम्बल को प्रदूषण से मुक्ति दिलाने के लिए वर्ष 2008 में राष्ट्रीय नदी जल संरक्षण योजना (एनआरसीपी) से जोड़ा गया। उस वक्त 22 नालों से 268 एमएलडी सीवरेज सीधे चम्बल में जा रहा था। इसे रोकने को केंद्रीय पर्यावरण एवं वन मंत्रालय और राज्य सरकार ने 27 अक्टूबर 2009 को सीवरेज ट्रीटमेंट प्लांट (एसटीपी) लगाने और पूरे शहर में सीवरेज लाइन डालने के लिए यूआईटी और नगर निगम को 149.59 करोड़ रुपए दिए। इस बजट से साजीदेहड़ा में 30 एमएलडी, धाकड़खेड़ी में 20 एमएलडी और बालिता में 6 एमएलडी के एसटीपी लगने थे। साथ ही 6 सीवरेज पंपिंग स्टेशन, 143 किमी लंबी सीवर लाइन, 5.9 किमी लंबी राइजिंग मेन लाइन का भी निर्माण होना था।

बीच में ही टूटा दम

मई 2013 तक की डेडलाइन वाला चम्बल शुद्धीकरण का काम 7 साल बाद भी 37 फीसदी ही पूरा हो सका। साजीदेहड़ा और धाकड़खेड़ी में एसटीपी तो लगे लेकिन नाले टेप न होने से आधी क्षमता में ही पानी साफ कर रहे हैं।

मुख्य फोटो : शिवपुरा क्षेत्र स्थित हजीरा बस्ती

नयापुरा

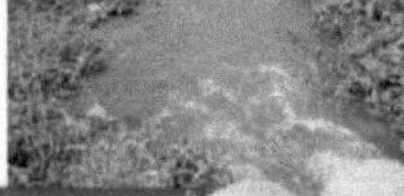

आरएसी मुख्यालय

बापू नगर, कुन्हाड़ी

बालिता एसटीपी का काम नाले से बंद है। 77 करोड़ रुपए खर्च करने के बावजूद निर्माण कार्य में जुटी कंपनियां सिर्फ 21.4 किमी सीवर लाइन और 4.386 किमी राइजिंग मेन पाइप लाइन डाल पाईं।

यूं हुआ खुलासा

यूआईटी ने अगस्त 2016 में एनजीटी की भोपाल बेंच को शपथ-पत्र दिया कि सभी 22 नालों को टेप कर गंदा पानी चम्बल में गिरने से रोक दिया गया है। मई 2017 में जब 'राजस्थान पत्रिका' ने इस हलफनामे की पोल खोली तो एनजीटी ने प्रकाशित समाचार पर स्वतः संज्ञान लेते हुए जांच दल गठित कर दिया। तथ्य ही नहीं वतों और उन्हें उजागर सीवरेज से पर्स की जांच के लिए आईआईटी के प्रोफेसर डॉ. अरुण मिश्रा, एमएनआईटी जयपुर के प्रो. वाईपी माथुर, प्रो. गुणवंत शर्मा, प्रो. ज्ञेके जैन की समिति गठित कर दी।

भयावह हुए हालात

जांच के बाद विशेषज्ञों की समिति ने एनजीटी को चम्बल के भयावह हालात बताए। इसके बाद एनजीटी ने चम्बल में मिलने वाले नालों और सीवरेज की वास्तविकता जानने के लिए नाला मैनेजमेंट कमेटी गठित की। कमेटी ने भौतिक निरीक्षण के बाद हाल ही एनजीटी को रिपोर्ट सौंपी कि चम्बल में अब 22 नहीं 34 बड़े नाले सीधे गिर रहे हैं। रोजाना 364.344 एमएलडी सीवरेज चम्बल को जहरीला बना रहा। साजीदेहड़ा एसटीपी 20 एमएलडी और धाकड़खेड़ी एसटीपी 6 से 7 एमएलडी गंदा पानी ही साफ कर पा रहे, बाकी नाले तो 87.739 एमएलडी सीवरेज में राजघाट नदियों के जरिए चम्बल में जाद घोल रहा है।

नाला फ्लो मैनेजमेंट कमेटी ने चम्बल में सीधे मिलने वाले नालों और सीवरेज की कड़ी हुई मात्रा का खुलासा किया है। इसके बाद बोर्ड ने यूआईटी और नगर निगम को नोटिस जारी कर दिया था। एनजीटी के निर्देश पर चम्बल को प्रदूषण मुक्त बनाने के लिए एक्शन प्लान मांगा है, लेकिन अभी तक नहीं मिल सका है।

अमित शर्मा, क्षेत्रीय अधिकारी, आरएसपीसीबी

I want morebooks!

Buy your books fast and straightforward online - at one of world's fastest growing online book stores! Environmentally sound due to Print-on-Demand technologies.

Buy your books online at
www.morebooks.shop

Compre os seus livros mais rápido e diretamente na internet, em uma das livrarias on-line com o maior crescimento no mundo! Produção que protege o meio ambiente através das tecnologias de impressão sob demanda.

Compre os seus livros on-line em
www.morebooks.shop